河南农业气候概论

董中强　孙景兰　主编

气象出版社
China Meteorological Press

内 容 简 介

本书以河南农业生产与气候条件之间的关系为主线,重点论述了河南自然地理概况、气候成因与气候特征、农林果各业气候分析、主要农业气象灾害分布和防御,以及农业气候区划简介。不仅适用于农林院校相关专业的师生作为教课用书,而且可作为农林科技、教育工作者和决策部门领导干部的参考书。

图书在版编目(CIP)数据

河南农业气候概论 / 董中强,孙景兰主编. -- 北京:
气象出版社,2020.1
　ISBN 978-7-5029-7302-5

　Ⅰ.①河… 　Ⅱ.①董… ②孙… 　Ⅲ.①农业气象-研究-河南 　Ⅳ.①S162.226.1

中国版本图书馆 CIP 数据核字(2020)第 197428 号

河南农业气候概论

Henan Nongye Qihou Gailun

出版发行:气象出版社

地　　址:北京市海淀区中关村南大街 46 号 　**邮政编码**:100081
电　　话:010-68407112(总编室)　010-68408042(发行部)
网　　址:http://www.qxcbs.com　**E-mail**:qxcbs@cma.gov.cn
责任编辑:张锐锐　吕厚荃　　　　　　　**终　　审**:吴晓鹏
责任校对:王丽梅　　　　　　　　　　　**责任技编**:赵相宁
封面设计:地大彩印设计中心
印　　刷:三河市君旺印务有限公司
开　　本:787 mm×1092 mm　1/16　　**印　　张**:9
字　　数:225 千字
印　　次:2020 年 1 月第 1 次印刷　　　**版　　次**:2020 年 1 月第 1 版
定　　价:50.00 元

编委会

序　言

　　河南是农业大省,地处中原,农业气候资源丰富,农业气象工作者始终把服务河南"三农"作为首要任务和行动指南。

　　河南农业大学董中强教授,长期从事农业气象学教学和科研工作,是我省知名农业气象学专家。董教授和他的团队,早在 1991 年就编写出版了《河南农业气候》一书,受到好评。时隔近 30 年,在教学和科研工作中积累了大量研究成果,新经验、新技术已在农业生产中推广应用,效果很好。在与河南省气象局相关专家一起商议后,决定在《河南农业气候》的基础上,修订编写出版《河南农业气候概论》专著,以期为农业气象学科的发展做出贡献。

　　该书对河南气候的主要形成因素、气候的基本特点、主要农业气象灾害的种类及时空变化规律等作了详细的概括和深入的分析,对河南农业气候区划也作了详尽概述,为河南农业气象的发展提供了理论基础。

　　理论与实际结合是该书的鲜明特点,对河南的主要作物比如小麦、玉米、棉花、花生等,主要树种比如泡桐、毛白杨、引种的美国竹柳等,主要果树比如苹果、葡萄、柑橘等,以及立体农业的气候特征均作了详细分析和介绍,具有很强的生产实践参考价值。

　　该书内容丰富,结构合理,文字通顺,图文并茂,可读性强,可供教学科研、农林业生产部门参考应用,也是对农林技术人员培训很好的教材和很有参考价值的工具书。

　　董教授要我为书作序,实在不敢当,谨写数语,以表支持与祝贺。

河南农业大学原校长、教授:蒋建平

2019 年 11 月 10 日

前　言

河南地处暖温带,南部跨亚热带,属北亚热带向暖温带过渡的大陆性季风气候,兼具自东向西由平原向丘陵山地气候过渡的特征,具有四季分明、雨热同期、复杂多样和气象灾害频繁的特点。充足的光、热、水资源和肥沃的土地,为河南农业的发展奠定了良好基础。农作物生长发育及产量形成均依赖于气候资源,并受气候条件的影响与制约。每年光照、热量、降水等主要气象要素变化所表现出的冷暖、旱涝、阴湿等状况,以及各相关气象要素的适宜程度,是影响作物产量和品质构成的重要外在因素。

河南是农业大省,也是粮食主产省份,粮棉油等主要农产品产量均居全国前列,是全国重要的优质农产品生产基地。气候条件与农业生产关系极为密切,早在1991年,本书主编河南农业大学董中强教授就组织河南农业大学宋贤明和李有、豫西农专毛军需和豫南农专陈汇林等人共同编写了《河南农业气候》。该书既是河南农林高等院校农业气象教材的一部分,又是农林工作者的重要参考资料之一,该书理论联系实际、内容详实丰富。在全球气候变暖背景下,气候波动对农业生产造成的影响已不容忽视。特别是近几十年来,河南省气象要素监测的精密化程度明显提高,数据资料日益丰富与完善,我们在河南气候与农业的关系上积累了大量研究成果,也取得了一些新认识。为持续做好气象为河南农业服务工作,牢牢扛稳粮食安全重任,保障我国粮食安全,更好地服务乡村振兴战略和打赢脱贫攻坚战,亟需一部能够全面反映最新河南农业气候特征、主要农业气象灾害分布和防御以及农业气候区划等信息的工具书。为此,河南省气象局和河南农业大学农业气象专家、教授共同协商决定修编《河南农业气候》一书,再版编写《河南农业气候概论》。本书以河南农业生产与气候条件之间的关系为主线,重点论述了河南自然地理概况、气候形成因素、气候特征、农林果各业气候分析、主要农业气象灾害分布和防御以及农业气候区划简介。不仅适用于农林院校有关专业的师生作为教课用书,而且可作为农林科技、教育工作者和决策部门领导干部的参考书。

《河南农业气候概论》由董中强和孙景兰任主编,王记芳、余卫东、周苏玫、常军任副主编,拟定大纲和每章的要点,确定本书分为六章。前言由董中强和孙景兰撰写。第一章河南自然地理概况(董中强),概述河南地形、河流水系、土壤和植被等概况。第二章河南气候的形成因素(常军、孙景兰、姬兴杰、左璇),概述太阳辐射对气候形成的影响、大气环流对气候形成的影响和地形、地势对河南气候形成的影响等。第三章河南气候概况(王记芳、姬兴杰、朱业玉、刘雅星、李凤秀),分析河南气候的基本特点、太阳辐射、温度和水分等气候要素的时空分布规律。

1

第四章河南农业气候分析(董中强、余卫东、赵洪升、董妍、李彤霄),阐述农业气候分析的一般方法、农业气候资源特征、气候分析(主要作物、森林、果树、立体农业)以及农产品气候品质评价等。第五章河南农业气象灾害(余卫东、李彤霄、董涛、李聪、王君),阐述干旱、干热风、霜冻害、连阴雨、雨涝等灾害风险区划和防御措施。第六章河南农业气候区划概述(董中强、周苏玫、余卫东、张君),阐述河南省农业气候分区及评价。

　　本书的出版得到了河南农业大学和河南省气象局有关领导的大力支持和关心。在本书编撰过程中,河南农业大学范国强教授、卢炯林教授和赵天榜教授为本书提供了不少第一手资料。在此一并表示衷心感谢。由于付梓时间仓促,虽经再三勘校,书中错编和不足之处在所难免,敬请广大读者批评指正。

编者
2019 年 10 月

目　　录

第一章　河南自然地理概况

河南历史悠久,是中华民族和华夏文明的重要发祥地;文化灿烂,人杰地灵,名人辈出。资源丰富,是全国农产品主产区和重要的矿产资源大省;劳动力资源丰富,消费市场巨大;区位优越,是全国重要的交通枢纽及集散基地;是全国第一农业大省、第一粮食生产大省、第一粮食精加工大省;发展较快,经济总量稳居全国第五位;潜力很大,正处于工业化、城镇化加快发展阶段,发展的活力和后劲不断增强。

河南位于中国中东部、黄河中下游,介于 $31°23'\sim36°22'N$,$110°21'\sim116°39'E$。东接安徽、山东,北接河北、山西,西连陕西,南临湖北。

河南土地总面积 16.7 万 km^2,约占全国土地面积的 1.74%,居全国第 17 位。2011 年以来,河南辖郑州、洛阳、开封、平顶山、安阳、鹤壁、新乡、焦作、濮阳、许昌、漯河、三门峡、南阳、商丘、信阳、周口、驻马店等 17 个省辖市,一个省直管市济源。

第一节　河南地形

河南地处中国大陆腹地,地表形态复杂,境内山地、丘陵、平原、盆地等多种地貌类型,面积均较大。丘陵山地面积为 7.4 万 km^2,占全省总面积的 44.3%。其中,丘陵为 3 万 km^2,占全省总面积的 17.7%。河南东部,平畴千里,为广大的黄淮冲积平原,西南部则为南阳堆积盆地(又称南阳平原),二者面积合计为 9.3 万 km^2,占全省面积的 55.7%。

一、平原

(一)豫东平原

京广线以东、大别山以北为广阔的堆积平原,统称豫东平原,是我国最大的平原——黄淮海大平原的一部分。南北长达 500 km 以上,东西宽 100~260 km。面积近全省总面积的一半。它西与太行山地、豫西山地和大别山北麓的丘陵相连,地势是由西向东平缓倾斜。平原高程 70% 为 50~200 m,其余在 50 m 以下,东南淮滨一带在 25 m 上下。这一大平原主要由黄河、淮河和卫河冲积而成。冲积扇形平原与冲积湖积平原是豫东平原的主体,前者以黄河大冲积扇为主,后者分布在漯河—周口—郸城一线以南,由河流冲积与湖泊沼泽堆积复合而成,地势低平,镶嵌有较多的洼地。

豫东平原总的来说地势平坦,松散沉积层深厚,地下水资源丰富,并有源于山区的一定数量的地表水可供利用,因此是河南省耕地最为集中、土地质量也较好的地区。但在平原的不同部位,程度不同地存在着旱、涝、碱、沙等自然灾害。

(二)南阳盆地

南阳盆地位于河南省西南部,是河南最大的山间盆地,范围大致包括内乡、陶岔一线以东,赤眉、马山口、皇路店、方城一线以南,羊册、官庄一线西南及马谷田、新集、黑龙镇、湖阳一线西

1

北的广大地区,是本省第二大堆积平原。北为伏牛山,东为桐柏山,西为尖山和肖山,南与襄樊盆地相连,为一向南开口的扇形山间盆地。东西宽 120 km,南北长 150 km。盆地边缘系呈环状展布的垄岗状倾斜平原,岗地顶部平缓,高程为 130~200 m。岗间洼地浅平宽阔,与岗地的相对高差为 10~30 m。岗坡平缓,松散堆积物深厚,土地质量较好。但岗地高亢易旱,水土流失严重;洼地则易受山洪危害,作物产量不高。盆地中、南部是平缓平原,海拔 80~100 m,坡降三千分之一到五千分之一;土质肥沃、灌溉便利,历来是本省著名粮仓之一。但因源于周围山区的河流在此向心辐合,洪水灾害历来严重,至今也未彻底解决。

二、丘陵和山地

(一)豫南山地

豫南山地位于河南省南部边境地带,包括桐柏山脉大部、大别山脉西段的北部及南阳盆地东侧的低山丘陵。豫南山地大致包括南阳盆地以东、舞阳、板桥、确山、平昌关以西,信阳、光山、双椿铺、武庙一线以南的广大山地丘陵。桐柏山和大别山是绵延于豫、鄂两省的边界山,是秦岭山脉东延的一部分。桐柏山呈西北—东南方向延伸,海拔多为 400~800 m,只有个别山峰海拔超过 1000 m,如太白顶海拔 1140 m。整个桐柏山脉由低山和丘陵组成。低山主要分布在鸿仪河至桐柏县城一线以南,而西北为连绵起伏的丘陵,仅局部地区有较陡峻的低山呈孤岛状分布。其间宽阔的河流谷地纵横交错,大小不等的盆地甚多。南阳盆地东侧的山地丘陵,南面与桐柏山地丘陵相连接,西北口与伏牛山脉东南端对应,构成南阳盆地与豫东平原之间的弧形山地,海拔多为 300~600 m,最高峰白云山海拔为 983 m。地貌结构以丘陵为主,低山呈孤岛状分布在波状起伏的丘陵之中,间夹众多宽阔的河流谷地和小盆地,地貌形态异常破碎。省内大别山近于东南方向延伸,长达 180 km,南北宽 20~50 km。其主脊沿豫鄂两省的交界地带展布,大致以新县的泗店为界分为两段,西部与东段明显不同,西段主脊宽阔低缓,以低山为主,并有部分丘陵,多呈较平缓的梁状或浑圆状,尖峭的山峰甚少。最高的山峰有老君山、王茂岭及光头山等,海拔分别为 840.5 m、840.1 m 与 830.3 m,著名的避暑胜地——鸡公山海拔也只有 744.4 m。主脊的北侧,低缓的丘陵广泛分布,其间宽阔的河流谷地和小盆地众多。东段主脊狭窄高峻,出现了一系列尖峭的山峰,海拔多在 1000 m 以上,如黄毛尖、黄柏山、九峰山海拔分别为 1011 m、1257 m 和 1353 m。商城东面的金刚台海拔 1584 m,为省内大别山脉的最高峰,高峻雄伟的中山主要集中在这一地段。其北面依次为低山和丘陵,并有许多宽阔的河流谷地和小盆地。

豫南山地主要的地貌类型为侵蚀剥蚀低山和丘陵,岩石风化深,地表松散的残积层厚。河流谷地十分发达,加之高湿多雨,为农林牧副渔的综合发展提供了优越的地貌条件。但是,目前对优越的地貌条件利用还不够,不少地方有不合理开垦现象,不同程度地存在着水土流失问题,应进一步加强水土保持工程建设,以充分发挥其生产潜力。

(二)豫西山地和丘陵

豫西山地和丘陵,包括黄河以南、南阳盆地以北、京广铁路以西的广大山地和丘陵。该区是本省山地和丘陵的主要的分布区,面积约占全省山地和丘陵总面积的 70%。著名的山脉如小秦岭、崤山、熊耳山、伏牛山、外方山及嵩山和箕山等都分布在这一地区。

从山脉体系来说,豫西山地是秦岭山脉东段的延续部分。秦岭山脉从陕西南部延伸到河南以后,明显地呈现出余脉的特点。一方面山势逐渐降低,另一方面山脉分支解体,完整的山脉分成数支,分别向东北至东南方向扇形展开。最北面的支脉是小秦岭,系著名的"西岳"华山的东延部分,向东延伸到灵宝南中断。其在省内规模不大,东西长约 20 km,但山势十分高峻雄伟,主脊海拔 2000 m 左右,省内的最高峰老鸦岔海拔 2413.8 m 就位于其西端。稍南的一支为崤山,西南端与华山山脉相连,向东北入陕县、渑池之间,大部海拔在 1000 m 以下。再东延又有邙山,越过陇海铁路直迫黄河南岸,终止于郑州黄河旅游区,海拔在 500 m 左右。崤山南为熊耳山,介于洛河与伊河之间,西起卢氏经栾川、嵩县向东北一直延伸到洛阳龙门,长达 150 km。山势西南部高峻,东北部低缓,突出的山峰海拔多在 1500 m 以上,其中全包山海拔高达 2094.2 m。熊耳山东面的一支是外方山,大致位于伊河以东,汝河以南,南面与伏牛山脉相连接,东西宽 50~90 km,西南—东北长约 100 km。山势南部和西部高峻,以中山为主,北部和东部低缓,低山和丘陵分布广泛。地处河南中部的嵩山和箕山,系一孤立的块状山地,东面和北面与东部平原相邻,西北、西及南面分别被伊洛河河谷平原、伊河谷地和汝河河谷平原分隔。从山地的展布来看,与外方山脉向东北的延伸基本一致。区内以低山和丘陵为主,同时孕育着大小不等的盆地和宽阔的河流谷地。中山主要分布在北部的五指岭、嵩山、玉寨山及马鞍山一带。其海拔高度不高,但由于强烈的断块抬升,相对高度甚大,山势显得高峻雄伟,特别是嵩山地处中原,山体挺拔壮丽,古代称之为"中岳",是我国"五岳"之一。秦岭山脉在本省最南端的一条支脉为伏牛山,在各支山脉中其规模最大,由西北向东南延伸长达 200 km 以上,宽约 40~70 km,构成黄河、淮河与长江三大水系的分水岭。它的北面与熊耳山脉和外方山脉交汇,其间没有明显界限,南面与南阳盆地相接。伏牛山脉不仅规模巨大,而且山势亦异常高峻雄伟,突出的高峰众多,不少高峰海拔高达 2000 以上,如老君山的主峰海拔 2192.1 m、玉皇顶海拔 2211.6 m、龙池墁海拔 2129 m、石人山海拔 2153 m。

(三)豫北山地和丘陵

河南西北部是太行山地和丘陵,属于整个太行山脉的西南段尾间部分。太行山脉由晋冀两省的边境地带向南并逐渐转向西沿晋豫两省的边境地带延伸,构成山西高原与华北平原的天然分界线。山脉的延伸方向在省内出现明显转折,大致在辉县以北为近南北方向;辉县以西到博爱转为东北—西南方向;博爱以西一直到省界则呈近东西方向,整个山地丘陵呈一向东南突出的不规则的弧形带状,长达 185 km。宽窄变化悬殊,最宽可达 50 km,窄的不足 5 km。中山集中分布在山脉的主脊地带,许多突出的山峰海拔在 1500 m 以上。大断裂垂直分异显著,沿断带的山坡陡峻,陡崖峭壁林立,加之河流横切,山体形成许多深切峡谷,呈现为高峻雄伟的断块中山地貌特征。太行山主脊的东麓和南麓,山势骤然降低,低山、丘陵、台地广泛分布,其间有一些凹陷盆地和宽阔平缓的河流谷地。较大的盆地有林州盆地、临淇盆地、南村盆地等,纵横 10~15 km。这些盆地和谷地地势平缓,土层深厚,水源较丰富,是太行山区重要的农业生产区。起伏平缓的低山丘陵广泛分布,其间孕育着大小不等的盆地和宽阔的河流谷地。

第二节 河流水系

一、水系

水系是指江、河、湖、海、水库、渠道、池塘等及其附属地物和水文资料的统称。

河南地跨海河、黄河、淮河、长江四大水系。其流域面积分别为 1.53 万 km²、3.62 万 km²、8.64 万 km² 和 2.76 万 km²，分别占河南省土地面积的 9.2%、21.6%、51.7% 和 16.5%。自北往南是海河水系、黄河水系、淮河水系和长江水系。

二、河流

河南的河流为数众多，全省流域面积超过 100 km² 以上的河流有 493 条，其中黄河流域 93 条，淮河流域 271 条，长江流域 75 条，海河流域 54 条。流域面积超过 10000 km² 的河流有 9 条，为黄河、洛河、沁河、淮河、沙河、洪河、卫河、白河、丹江；流域面积 5000～10000 km² 的河流有 8 条，为伊河、金堤河、史河、汝河、北汝河、颍河、贾鲁河、唐河；流域面积 1000～5000 km² 的河流有 43 条；流域面积 100～1000 km² 的河流有 433 条。因受地形影响，大部分河流发源于西部、西北部和东南的山区。

(一)海河水系

河南省黄河以北广大地区，除少部分属于黄河水系外，主要河流为卫河，因卫河到河北入海故称海河水系。卫河是河南海河流域面积最大的河流，该河发源于山西省陵川县夺火镇，流经河南博爱、武陟、修武、获嘉、辉县、新乡、卫辉、浚县、汤阴、滑县、内黄、清丰、南乐，入河北省大名县，至山东省馆陶县秤钩湾与漳河相会后进入南运河。

卫河支流较多，在河南大小约有 30 多条，其中，淇河是卫河最大支流，发源于山西省陵川县，经辉县、林州、鹤壁、淇县，在浚县刘庄入卫河，河长 162 km，流域面积 2142 km²；汤河发源于鹤壁市孙圣庙，经汤阴、安阳，于内黄县西元村汇入卫河，河长 73 km，流域面积 1287 km²；安阳河发源于黄花寺，经安阳县于内黄县入卫河，河长 160 km，流域面积 1953 km²。

马颊河、徒骇河是海河另外两支支流。马颊河、徒骇河都是独流入渤海的河流。马颊河源自濮阳县金堤闸，流经清丰、南乐，经河北与山东省，省内河长 62 km，流域面积 1034 km²。徒骇河发源于河南省清丰县东北部，流经南乐县东南部边境后入山东省，省内流域面积 731 km²。

(二)黄河流域

黄河在河南境内的主要支流均在郑州以西，南侧有较大的支流伊河、洛河。洛河发源于陕西省洛南县终南山，经卢氏县流入河南境内，并在偃师市杨村与发源于栾川县的伊河汇流，所以称之为伊洛河。伊洛河至巩义市神北村注入黄河，北侧还有沁河、丹河和漭河。郑州铁路桥以东较大支流有天然文岩渠和金堤河，但均属于间歇性的平原河道。

黄河干流在灵宝市进入河南境内，流经三门峡、洛阳、郑州、焦作、新乡、开封、濮阳 7 个市中的 24 个县(市、区)。黄河干流在孟津以西是一段峡谷，水流湍急，孟津以东进入平原，水流骤缓，泥沙大量沉积，河床逐年淤高，两岸设堤，堤距 5～20 km，主流摆动不定，为游荡性河流。花园口以下，河床高出地面 4～8 m，形成悬河，涨洪时期，威胁着下游广大地区人民的生命财产安全，成为防汛的心腹之患。干流流经兰考县三义寨后，转向东北，基本上成为河南、山东的省界，至台前县张庄附近出省，横贯全省长达 711 km。黄河在省境内的主要支流有伊河、洛河、沁河、弘农涧、漭河、金堤河、天然文岩渠等。伊、洛、沁河是黄河三门峡以下洪水的主要发源地。

(1)伊河、洛河水系

洛河发源于陕西省洛南县，流经河南的卢氏、洛宁、宜阳、洛阳、偃师，总流域面积 19056 km²，省内河长 366 km,省内流域面积 17400 km²。主要支流伊河发源于栾川县熊耳山,流经嵩县、伊川、洛阳于偃师市场村汇入洛河,河长 268 km,流域面积 6120 km²。伊河、洛河两河之间河滩地势低洼,易发洪涝灾害。

（2）沁河水系

沁河发源于山西省平遥县,由济源辛庄乡进入河南境内,经沁阳、博爱、温县至武陟县汇入黄河。总流域面积 13532 km²,省内流域面积 3023 km²,省内河长 135 km。沁河在济源五龙口以下进入冲积平原,河床淤积,高出堤外地面 2～4 m,形成悬河。主要支流丹河发源于山西省高平市丹珠岭,流经博爱,在沁阳汇入沁河。丹河总流域面积 3152 km²,全长 169 km,省内流域面积 179 km²,省内河长 46.4 km。

（3）弘农涧、漭河

弘农涧和漭河是直接流入黄河的山丘性河流。弘农涧（也称西涧河）发源于灵宝市芎园西,河长 88 km,流域面积 2068 km²。漭河发源于山西省阳城县花野岭,在济源市西北的克井乡窟窿山入境,经孟州、温县在武陟城南汇入沁河,全长 130 km,流域面积 1328 km²。

（4）金堤河、天然文岩渠

金堤河、天然文岩渠均属平原坡水河道。金堤河发源于新乡县荆张村,上游先后为大沙河、西柳青河、红旗总干渠,自滑县耿庄起始为金堤河干流,流经濮阳、范县及山东莘县、阳谷,到台前县东张庄汇入黄河,干流长 159 km,流域面积 5047 km²。天然文岩渠源头分两支,南支称天然渠,北支称文岩渠,均发源于原阳县王禄南和王禄北,在长垣县大车集汇合后称天然文岩渠,在濮阳县渠村入黄河,流域面积 2514 km²。因黄河淤积、河床逐年抬高,仅在黄河小水时,天然文岩渠及金堤河的径流才有可能自流汇入,黄河洪水时常造成两支流顶托,排涝困难。

（三）淮河水系

淮河流域的主要河流有淮河干流及洪河、颍河等淮河支流和豫东平原河道。淮河干流及淮南支流均发源于大别山北麓,占河南省境内淮河流域总面积的 17.5%。左岸支流主要发源于西部的伏牛山系及北部、东北部的黄河、废黄河南堤,沿途汇集众多的二级支流,占省内淮河流域总面积的 82.5%。左右两岸支流呈不对称型分布。山丘区河道源短流急,进入平原后,排水不畅,易成洪涝灾害。

（1）淮河干流及淮南支流

淮河干流发源于桐柏县桐柏山太白顶,向东流经信阳、罗山、息县、潢川、淮滨等地,在固始县三河尖乡东陈村入安徽省境,省界以上河长 417 km,淮河干流水系包括淮河干流、淮南支流及洪河口以上淮北支流,流域面积 21730 km²。息县以下两岸开始有堤至淮滨河长 99 km,河床比降为 1/7000,河宽 2000 余米,由于淮河干流排水出路小,防洪除涝标准低,致使沿淮河干、支流下游平原洼地常易发生洪涝灾害。南岸主要支流有:浉河、竹竿河、寨河、潢河、白露河、史河、灌河,均发源于大别山北麓,呈西南—东北流向,河短流急。

（2）洪河水系

洪河发源于舞钢市龙头山,流经舞阳、西平、上蔡、平舆、新蔡,于淮滨县洪河口汇入淮河,全长 326 km,班台村以下有分洪道长 74 km,流域面积 12325 km²。流域形状上宽下窄,出流不畅,易发生水灾。汝河是洪河的主要支流,发源于泌阳五峰山,经流遂平、汝南、正阳、平舆,在新蔡县班台村汇入洪河,全长 222 km,流域面积 7376 km²。臻头河为汝河的主要支流,发

5

源于确山鸡冠山,于汝南汇入汝河,河长121 km,流域面积1841 km²。汝河另一主要支流北汝河,发源于西平县杨庄和遂平县嵖岈山,经上蔡、汝南汇入汝河,河长60 km,流域面积1273 km²。

(3)颖河水系

在河南境内,颖河水系也俗称沙颖河水系。颖河发源于嵩山南麓,流经登封、禹州、襄城、许昌、临颖、西华、周口、项城、沈丘,于界首入安徽省。省界以上河长418 km,流域面积34400 km²。颖河南岸支流有沙河、汾泉河,北岸支流有清潩河、贾鲁河、黑茨河。沙河是颖河的最大支流,发源于鲁山县石人山,流经宝丰、叶县、舞阳、漯河、周口,汇入颖河,河长322 km,流域面积12580 km²。其北岸支流北汝河,发源于嵩山跑马岭,流经汝阳、临汝、郏县,在襄城县简城汇入沙河,全长250 km,流域面积6080 km²。沙河南岸支流澧河发源于方城县四里店,流经叶县、舞阳,于漯河市西汇入沙河,全长163 km,流域面积2787 km²。汾泉河发源于郾城县召陵岗,流经商水、项城、沈丘,于安徽省阜阳市三里湾汇入颖河,省界以上河长158 km,流域面积3770 km²。其支流黑河(泥河)发源于漯河市,流经上蔡、项城,于沈丘老城入汾河,河长113 km,流域面积1028 km²。清潩河发源于新郑,流经长葛、许昌、临颖、鄢陵,于西华县逍遥镇入颖河,河长149 km,流域面积2362 km²。贾鲁河发源于新密圣水峪,流经中牟、尉氏、扶沟、西华,于周口市北汇入颖河,全长276 km,流域面积5896 km²。其主要支流双洎河发源于新密市赵庙沟,流经新郑、长葛、尉氏、鄢陵,于扶沟县彭庄汇入贾鲁河,全长171 km,流域面积1758 km²。颖河其他支流尚有清潩河、新蔡河、吴公渠等,流域面积1000～1400 km²。黑茨河源于太康县姜庄,于郸城县张胖店入安徽,省境内河长107 km,流域面积1214 km²,原于阜阳市汇入颖河,现改流入茨淮新河,经怀洪新河入洪泽湖。

(4)豫东平原水系

豫东平原水系主要有涡惠河、包河、浍河、沱河及黄河故道。

涡惠河是豫东平原较大的河系。涡河发源于开封县郭厂,经尉氏、通许、杞县、睢县、太康、柘城、鹿邑入安徽省亳州,省境以上河长179 km,流域面积4226 km²。其主要支流惠济河发源于开封市济梁闸,流经开封、杞县、睢县、柘城、鹿邑,进入安徽亳县境内汇入涡河,省境以上河长166 km,流域面积4125 km²。

包河、浍河、沱河属洪泽湖水系。浍河发源于夏邑县马头寺,经永城入安徽省。省内河长58 km,流域面积1341 km²。较大支流有包河,流域面积785 km²。沱河发源于商丘市刘口集,经虞城、夏邑、永城进入安徽省,省内河长126 km,流域面积2358 km²。较大支流有王引河和虬龙沟,流域面积分别为1020 km²和710 km²。

黄河故道是历史上黄河长期夺淮入海留下的黄泛故道,西起兰考县东坝头,沿民权、宁陵、商丘、虞城北部入安徽,省境以上河长136 km,流域面积1520 km²,两地间距平均6～7 km,堤内地面高程高出堤外6～8 m。主要支流有杨河、小堤河及南四湖水系万福河的支流黄菜河、贺李河等。

(四)长江水系

河南长江流域(汉江水系)的河流有唐河、白河、丹江,各河发源于山丘地区,源短流急,汛期洪水骤至,河道宣泄不及,常在唐、白河下游造成灾害。

白河发源于嵩县玉皇顶,流经南召、方城、南阳、新野出省。省内河长302 km,流域面积12142 km²。主要支流湍河发源于内乡县关山坡,流经邓州、新野,汇入白河,河长216 km,流域面积 4946 km²。其他支流有赵河和刁河。

唐河上游东支潘河,西支东赵河,均发源于方城,在社旗县合流后称唐河,经唐河、新野县后出省。省内干流长 191 km,流域面积 7950 km²,主要支流有泌阳河及三夹河。

丹江发源于陕西省商南县秦岭南麓,于荆紫关附近入河南淅川县,经淅川老县城向南至王坡南进湖北省汇入汉江,省境内河长 117 km,流域面积 7278 km²。主要支流老灌河发源于栾川县伏牛山小庙岭,向西经卢氏县,在卢氏县内折向南,经西峡县至淅川老县城北入丹江,河长 255 km,流域面积 4219 km²。支流淇河发源于卢氏县童子沟,于淅川县荆紫关东南汇入丹江,河长 147 km,流域面积 1498 km²。河南主要河流概况见表 1-1。

表 1-1　河南主要河流概况

流域名称	序号	河流名称	河流等级	集水面积（km²）	起点	终点（或省界）	长度（km）
海河	1	卫河	一级支流	15230	山西省陵川县夺火镇	称沟湾与漳河汇合处	399
	2	淇河	二级支流	2142	山西省陵川县	浚县刘庄闸入卫河	162
	3	安阳河	二级支流	1953	林州市黄花寺	内黄县马固村入卫河	160
	4	马颊河	干流	1135	濮阳市金堤闸	豫鲁省界	62
黄河	5	黄河	干流		灵宝市泉村	台前县张庄	711
	6	洛河	一级支流	19056	陕西省洛南县终南山	巩义市神北入黄河	450
	7	涧河	二级支流	1430	陕县观音堂	洛阳市翟家屯入洛河	104
	8	伊河	二级支流	6120	栾川县熊耳山	偃师市杨村入洛河	268
	9	宏农涧	一级支流	2068	灵宝市芋园西	灵宝市老城入黄河	88
	10	蟒河	一级支流	1328	山西省阳城县花野岭	武陟县入黄河口	130
	11	沁河	一级支流	13532	陕西省沁源县霍山南麓	武陟县南贾村入黄河	485
	12	丹河	二级支流	3152	山西省高平市丹珠岭	入沁河口	169
	13	天然文岩渠	一级支流	2514	原阳县王村	入黄河口	159
	14	金堤河	一级支流	5047	新乡县荆张村	台前县张庄闸入黄河	159
淮河	15	淮河	干流	37752	桐柏县太白顶	固始县三河尖	417
	16	浉河	一级支流	2070	信阳市韭菜坡	罗山县顾寨村入淮河	142
	17	竹竿河	一级支流	2610	湖北省袁家湾	罗山县张湾村入淮河	101
	18	潢河	一级支流	2400	新县万子山	潢川县踅孜镇两河村入淮河	140
	19	白露河	一级支流	2238	新县小界岭	淮滨县吴寨入淮河	141
	20	史灌河	一级支流	6889	安徽省金寨县	固始县三河尖入淮河	211
	21	灌河	二级支流	1650	商城县黄柏山	固始县徐营入史河	164
	22	洪河	一级支流	12303	舞钢市龙头山	淮滨县前刘寨入淮河	326
	23	汝河	二级支流	7376	泌阳县五峰山	新蔡县班台入洪河	223
	24	臻头河	三级支流	1841	确山县鸡冠山	宿鸭湖	121
	25	汾泉河	二级支流	3770	漯河市郊区柳庄	豫皖交界	158
	26	沙河	一级支流	28800	鲁山县木达岭	安徽省界首市	418
	27	澧河	二级支流	2787	方城县四里店	漯河市入沙河口	163

流域名称	序号	河流名称	河流等级	集水面积（km²）	起点	终点（或省界）	长度（km）
淮河	28	干江河	三级支流	1280	方城县羊头山	舞阳县上澧河店入澧河	99
	29	北汝河	二级支流	6080	嵩县跑马岭	襄城县岔河入沙河	250
	30	颍河	二级支流	7348	登封市少室山	周口市孙咀入沙河	263
	31	贾鲁河	二级支流	5896	新密市圣水峪	周口市西桥入沙河	276
	32	双洎河	三级支流	1758	新密市赵庙沟	扶沟县摆渡口入贾鲁河	171
	33	涡河	一级支流	4246	开封县郭厂	鹿邑县蒋营	179
	34	大沙河	二级支流	1246	民权县断堤头	鹿邑县三台楼	98
	35	惠济河	二级支流	4125	开封市济梁闸	豫皖交界	167
	36	浍河	一级支流	1314	夏邑县蔡油坊	永城市李口集	58
	37	包河	二级支流	785	商丘市张祠堂	安徽省宿县	144
	38	沱河	一级支流	2358	商丘市油房庄	豫皖交界	126
	39	王引河	二级支流	1020	虞城县花家	永城市汤庙	112
长江	40	唐河	二级支流	7835	方城县七峰山	豫鄂交界	191
	41	泌阳河	三级支流	1338	泌阳县白云山	入唐河口	74
	42	三夹河	三级支流	1491	湖北省随县	入唐河口	97
	43	白河	二级支流	12224	嵩县关山坡	唐河白河汇合处	328
	44	湍河	三级支流	4946	内乡县关山坡	入白河口	216
	45	赵河	四级支流	1342	镇平县南召界五朵山	入湍河口	103
	46	刁河	三级支流	1006	内乡县碴子岭	入白河口	133
	47	丹江	二级支流	14714	陕西省商南县凤凰坡	淅川县界	117
	48	洪河	三级支流	1598	卢氏县童子沟	入丹江口	147
	49	老灌河	三级支流	4220	栾川县小庙岭	入丹江口	255

三、南水北调

南水北调工程在河南就是引丹江水库的水北上,是迄今为止世界上最大的水利工程,是事关中华民族子孙后代的千秋伟业。兴建南水北调工程,对缓解我国北方水资源严重短缺的局面,推动经济战略性整合,改善生态环境,提高人民群众的生活水平,增强综合国力,具有十分重大的意义。

第三节 土壤和植被

一、河南主要土壤类型和分布

河南省土壤类型多种多样,根据河南省第二次土壤普查分类系统,全省分为17个土类42个亚类,现将主要的10个土类30个亚类分别介绍如下。

（一）褐土

褐土主要分布在豫西、豫北黄土丘陵及浅山丘陵地区。褐土分为五个亚类：

（1）碳酸盐褐土：多称之为"白面土"，多分布于黄土丘陵的中上部。

（2）典型褐土：多称为"立黄土"，多分布于阶地及缓岗，是褐土中分布面积最广，最具有代表性的一个亚类。

（3）潮褐土：多称之为"油黄土"，是褐土与潮土之间的过渡类型，主要分布于河南省中北部京广线附近褐土与潮土的过渡地带及北部褐土区河流沿岸褐土向潮土过渡的低阶地上。

（4）淋溶褐土：其分布地区，从垂直地带而言，主要在褐土向棕壤的过渡地带；从水平分布而言，主要在褐土向黄褐土的过渡地带。

（5）褐土性土：多分布在浅山地区，大部分为疏林与草本植被下的自然土壤，或者在山麓部位洪积扇的上部。

（二）红黏土

红黏土主要分布在豫西丘陵，豫南丘陵也有零星分布。

（三）潮土

河南省潮土主要是黄潮土亚类，系河流冲积母质，集中分布于豫东北部黄淮海冲积平原。另外在诸河流沿岸亦有潮土呈带状分布。潮土分六个亚类：

（1）黄潮土：主要在伏牛山—沙颍河以北黄河及海河支流流域。

（2）灰潮土：主要在伏牛山—沙颍河以南淮河及汉水支流流域。

（3）脱潮土：多分布在潮土地区较高的地形部位，或者在褐土与潮土的过渡地带。

（4）湿潮土：主要分布在河流沿岸或者河流交汇处的低洼地区。

（5）盐化潮土：分布在豫东北低洼地区，与盐土、碱化潮土成复区。

（6）碱化潮土：分布在豫东低洼地区稍高处，与盐化潮土、盐土成复区。

（四）盐碱土

盐碱土主要分布在河南省东北部，黄淮海冲积平原的槽形与碟形洼地上，多与黄潮土呈复区斑点状分布。盐碱土分两个亚类：

（1）盐土：包括白盐土与卤盐土两个土属。

（2）盐碱土：包括瓦盐土与臭盐土两个土属。瓦盐土群众称为"牛皮碱"，臭碱土群众称之为"马尿碱"。

（五）风沙土

河南省风沙土系冲积性风沙亚类，多分布于黄河故道两侧。

（六）砂姜黑土

集中分布于河南省沙颍河以南及淮河干流以北和南阳盆地中心地形低洼处。砂姜黑土分两个亚类：

（1）砂姜黑土：多分布在河间与岗间低平洼地上，是本类土壤中分布面积最广的一个亚类。

（2）石灰性砂姜黑土：这个亚类面积不大，在砂姜黑土的北部边缘与黄潮土接界处有分布。

（七）水稻土

河南省水稻土集中分布在信阳淮南地区，其他山间峡谷沿河两岸、山前洼地等水源充足处亦有零星分布。水稻土共分四个亚类：

（1）淹育型水稻土：多分布于岗丘中、上部，地下水位较深，水源较差的地方。

（2）潴育型水稻土：多分布于河流两岸与岗丘的下部，群众多称之为"畈田"或"塝田"。

（3）潜育型水稻土：多分布于山间峡谷、丘陵垄岗冲沟的底部。

（4）侧渗型水稻土：主要分布在地面有一定的倾斜，而且心土层黏重，致使表面有临时性滞水的地段。

（八）棕壤

棕壤在河南省主要分布在伏牛山主脉800～1000 m以上的山地，伏牛山南坡1200 m以上即为棕壤分布。河南省棕壤分为棕壤、白浆化棕壤与棕壤性土三个亚类。

（九）黄棕壤

黄棕壤主要分布在大别桐柏山地及伏牛山主脉以南400～1200 m的丘陵山地。河南省黄棕壤分为黄棕壤和黄棕壤性土两个亚类。

（十）黄褐土

黄褐土主要分布在驻马店地区南部、信阳地区北部和南阳盆地的丘陵、垄岗地区。河南省黄褐土分为黄褐土、粘盘黄褐土、白浆黄褐土与黄褐土性土四个亚类。

二、河南植被

河南的植物，因受气候和地形的影响，表现出南北不同地带的过渡性和自高山到平原不同环境的复杂性。由于植物生态环境条件的区域差异明显，构成了多种多样的植被类型，蕴藏着丰富多彩的植物资源。据统计，河南的维管植物约有198科，3940多种，其中草本植物约占2/3，木本植物占1/3。鉴于山区地形复杂和海拔高度的不同，气温和湿度也有显著差异，因而反映其环境不同的植物，明显具有垂直分布特征。河南省植被在全国植被区划中分为两个植被带，即北亚热带常绿落叶阔叶林带和暖温带落叶阔叶林带，大致以伏牛山主脉和淮河干流一线，作为两带的分界线。根据本省的自然条件和植被类型的分布，河南省植被可分为四个植被区。

（一）黄淮海平原栽培植被区

该区由于开垦历史悠久，自然植被早已荡然无存，全为人工栽培植被所取代。主要农作物有小麦、玉米、高粱、谷子、红薯、棉花、芝麻、大豆等。野生植物以田间杂草最多，约有100多种，尤以禾本科、莎草科、菊科、藜科等植物最常见，如狗尾草、马唐、莎草、马齿苋、罗布麻等；沙区有碱蓬、柽柳、刺槐等沙生植物；在盐碱地区有碱蓬、猪毛菜、节节草、虫实、藜等碱性植物；在沙荒和农耕地上还营造了大面积的防风、固沙林带和农田防护林，主要树种有泡桐、毛白杨、小叶杨、欧美杨、加拿大杨、刺槐、紫穗槐、白蜡、旱柳等。在村庄周围、道路两旁、河渠岸边散生的树种有旱柳、毛白杨、桑、榆、槐、臭椿等；果树有梨、苹果、桃、杏、李、柿、枣、葡萄等。在寺院、庙宇、墓园周围栽种侧柏、桧柏、银杏等；在干旱的土丘、黄河堤岸上生长有骆驼蓬等。

（二）伏牛山北坡、太行山地丘陵、黄土台地落叶阔叶植被区

本区的植被，在深山区以落叶栎类和油松为主的天然次生林；低山区大多是耐干旱的灌丛和草甸；河川、丘陵和黄土台地为农田。

在伏牛山的北坡及崤山、熊耳山、外方山、太行山等山脉1400 m以上的地区，广泛分布着坚桦、锐齿槲栎、辽东栎等针阔落叶林和天目琼花、六道木、湖北海棠等灌丛，并有蒙古椴、大叶朴、胡桃楸、白桦、油松、白皮松等温带植物广泛分布，且越向北这些植物种群数量愈多。在1000～1400 m处，主要有栓皮栎林、油松林、千金榆和椴、槭、朴等组成的沟谷杂木林及胡枝子、绣线菊等组成的杂灌丛。此外在熊耳山和伏牛山 1000 m 以上,近几年落叶松有较大面积的发展。1000 m 以下多栎类萌生幼林,同时还有黄檀子林和旱生型的刺灌丛及草甸,主要植物有酸枣、黄荆、醋栗、骆驼蓬、马脚刺、枸杞、黄背草、白草、鹅冠草、狗尾草、茵陈蒿、黄花蒿等。在河流两岸有青杨、小叶杨等。村庄周围散生树种有侧柏、皂角、楸树、刺槐、黄连木、银杏等。种植的果树有柿、枣、苹果、桃、梨、杏等。

在河谷、丘陵等地,凡地势平缓、土层较厚的地方,均已垦为农田。农作物有小麦、谷子、大豆、红薯、高粱、棉花、芝麻、烟草等,在高寒山区还盛产马铃薯、黑麦等。

(三)桐柏、大别山地丘陵常绿落叶阔叶植被区

本区植被以针叶树、常绿阔叶、落叶阔叶混交林为主。落叶阔叶林在大别桐柏山分布很普遍。在 200~500 m 阴坡、半阴坡多分布麻栎、白栎等栎林,而山谷中分布的是刺楸、四照花、杜鹃、粗榧等组成的杂木林;在阳坡还有枫香、化香,在 500 m 以下的山溪两旁枫杨、红心柳林等比较普遍;常绿树种有青岗栎、山胡椒、冬青等;针叶树种马尾松在 600 m 以下的山岭阳坡分布最广,杉木分布在 1000 m 以下的山脚、山腰、河谷等土层深厚而肥沃的背风地方;黄山松多分布在 800 m 以上山峰阳坡等土层较薄的地区。浅山丘陵区有野生山楂、胡枝子、荆条为主的杂灌丛及芒草、黄背草、白茅为主的草本植物。浅山丘陵区的经济树种,以茶树、油茶、油桐、乌柏、毛竹等为主;在淮南波状平原、垄岗地区,有散生的楸树、泡桐、刺槐、旱柳、枫杨、乌柏、刚竹等;栽培作物以水稻为主,还有小麦、红薯、大豆、油菜、花生等。

(四)伏牛山南坡山地丘陵、盆地常绿树落叶阔叶植被区

本区山地植被具有明显垂直分布特征。1800 m 以上山脊分布着铁杉、太白冷杉、华山松和马桑、绣线菊、忍冬、荚迷等灌丛;草本植物以禾本科、莎草科、菊科植物为主。在海拔 1400~1800 m 处,以锐齿槲栎林、锐齿槲栎与华山松混交林及栓皮栎林为主,次生为栓皮栎、锐齿槲栎混交林。灌丛植物有胡枝子、连翘、照山白等。其中草本植物有羊胡子草、天门冬、白羊草、黄背草等。800~1400 m 山区,主要有锐齿槲栎林和栓皮栎混交林;800 m 以下山区生长有马尾松、杉木、乌柏、油桐、板栗等林木;低山丘陵地区生长着大量的栓皮栎、麻栎林。其中灌丛植物有荆条、酸枣、马桑、山楂等;草本植物有白羊草、黄背草、蒿等。村庄周围及河旁栽培着杨、柳、槐等树种。南阳盆地自然植被早被破坏,主要农作物有小麦、玉米、谷子、红薯、棉花、芝麻、烟草、水稻等。

11

第二章　河南气候的形成因素

气候是指一地多年特有的天气状况,它的形成是太阳辐射、大气环流、下垫面状况(诸如地形、海陆、植被等)和人类活动诸因素综合作用的结果。太阳辐射是地面热量平衡的一个重要组成项目,从而影响温度的分布和变化,大气环流促使地区间的热量和水汽输送,使河南省温度和降水的时空分布表现复杂。下垫面性质也可以直接或者通过影响辐射收支和大气环流间接地影响气候。就河南而言,太阳辐射南北差异明显,季风环流影响显著,地形复杂多样,形成了独特的气候特征和地区间的气候差异。

第一节　太阳辐射对气候形成的影响

太阳辐射是大气活动最主要的能量来源,是形成气候的首要影响因素。地面接收太阳辐射的能量多少,主要决定于地理纬度的高低。纬度越低,太阳照射的高度角越大,地表获得的太阳辐射能越多,温度就越高;反之,纬度越高,太阳照射的高度角越小,地表得到的太阳辐射能越少,温度就越低。因此,从低纬到高纬形成了热带、温带和寒带等不同类型的气候带。另一方面,随着太阳直射地球位置的季节性变化,各地气候也就具有季节性周期变化。而且纬度越高,太阳辐射强度和日照时间的季节性变化越大,气候的季节性就越明显。

太阳辐射能是植物物质形成的最基本的影响因素,是植物进行光合作用的能量来源。因此,太阳辐射能的多少和利用率的高低与作物产量关系很大。太阳辐射的多少用太阳辐射总量表示,具体指单位水平面积上在单位时间内所接收的太阳辐射的总能量,包括太阳直接辐射和散射辐射两部分。全省全年太阳辐射总量在 $4400 \sim 4700 \ MJ/m^2$。四季太阳辐射量以冬季(12 月、次年 1 月和 2 月)最少,占全年辐射量的 15% 左右;夏季(6 月、7 月和 8 月)最多,占全年辐射总量的 35% 左右;春、秋季居中,分别占全年辐射总量的 30%、20% 左右。

河南各地的太阳高度角和日照时间季节变化明显。夏至正午时河南太阳高度角为 $77° \sim 81°$,冬至正午时只有 $30° \sim 34°$,日照时数夏至时为 14.5 h,而冬至时只有 9.8 h。冬至和夏至相比,正午太阳高度角相差 $47°$,日照时间相差 5 h,由此造成河南各地太阳辐射总量最多月与最少月相差在 $300 \ MJ/m^2$ 以上,最热月与最冷月平均气温相差近 30 ℃,河南之所以冬冷夏热主要是这个原因,当然也不排除季风环流及地形等因素的影响。

第二节　大气环流对气候形成的影响

大气环流是指地球表面比较稳定的大规模空气运动,这种大气运动促使地区的热量输送和水汽输送,从而影响气候的形成。影响河南气候形成的大气环流主要是季风环流,即夏季多吹偏南风,冬季多吹偏北风。这是由于亚欧大陆与太平洋之间的热力差所造成的一种大气环流形式。海洋与陆地相比有比较大的热容量和热交换率,夏季升温和冬季降温比较缓和。夏季,海洋比陆地温度低,气压高,空气从海洋流向陆地;冬季,海洋比陆地温度高,气压低,空气从陆地流向海洋,这样就形成了盛行风向随季节改变的季风。

冬季,蒙古高压影响河南省,1月为其鼎盛时期,其中心位于贝加尔湖和乌兰巴托一带,范围达数千千米,河南省处于高压的东南部,故盛行偏北风。由于来自高纬内陆,空气温度低,湿度小,常常造成河南冬季天气干冷,雨雪稀少。蒙古高压自北向南侵入,在河南省境内移动时,有一定程度的增温变性,因此,最冷月份平均气温豫南地区明显高于豫北地区。但是,当冷空气势力非常强盛时,南侵速度很快,这样变性作用不很明显,所以豫南和豫北的极端最低气温相差并不大。

夏季,我国南部广大地区为西太平洋副热带高压脊(以下简称副高)所盘踞,河南省位于副高的西北部,故盛行偏南风,由于它来自副热带海洋,带来了大量的温暖湿润空气,与北方冷空气相遇时,往往产生大范围降水,这就是河南省夏季降水显著增多的主要原因,致使50%～60%的降水集中在夏季的6—8月。各地的雨季也出现在这段时间,6月中、下旬,副高北跳,其北界越过25°N以后,豫南的信阳进入“梅雨”期,7月上、中旬,副高再次北跳至30°N附近时,黄淮流域进入汛期。但需要指出的是,当河南省大部受副高控制时,则出现高温高湿的闷热天气(俗称桑拿天),夏季副高异常强盛的年份,其北跳西伸的幅度大,控制河南省的范围加大,可造成大面积伏旱。比较而言,豫东南地区常处于副高内部,被副高稳定控制,发生伏旱的可能性大于豫西北。

春、秋季是冬季风和夏季风相互转换的过渡季节,这时期蒙古高压和副高南北对峙,互有进退,河南省各地风向多变,冷暖交替出现,不过春、秋季的大部分时间,河南省以冬季风为主,特别是初春和晚秋更是如此,河南省北中部地区受南侵的变性蒙古高压控制,造成春旱和秋旱。而豫南地区往往是西伯利亚干冷气团和南方暖湿气团的交汇处,出现静止锋,所以豫南地区春、秋季多低温阴雨天气。

第三节　地形、地势对河南气候形成的影响

一、地形对气温的影响

地形对气温影响很大。首先,由于坡向不同,日照和太阳辐射条件各异,一般来说阳坡气温高于同海拔的阴坡;其次,地形凹凸和形态的不同,对气温也有明显的影响。凸起地形因与大陆接触面积小,受到地面日间增温、夜间冷却的影响较小,再加上夜间地面附近的冷空气可以沿坡下沉,而换来自由大气中较暖的空气,因此气温日较差、年较差皆较小,凹陷地形则相反,气温日较差很大;再次,海拔对气温的影响较大,一般海拔每升高1000 m,气温下降6 ℃;最后,谷地或盆地地形容易阻挡其与外界的热量交换,使之形成高温或者低温中心。

河南各地气温的区域分布,一般平原高于山地,南坡高于北坡,随着海拔高度的增加,气温是降低的。这是因为对流层大气的气温随高度的增加而降低,山地不断与大气进行热量交换,使气温必然也随海拔高度的增加而降低。因此,同纬度间进行气温对比,豫西山地明显低于豫东平原。例如豫西山地的栾川年平均气温为12.3 ℃,而同纬度平原地区的西华,年平均气温为14.6 ℃。

坡向对气温的影响主要是由于辐射收支和环流特点的差异造成的。南坡接收的太阳辐射

能较多,并且是夏季风的迎风坡和冬季风的背风坡,气温较高;与此相反,北坡接收的太阳辐射能较少,又是夏季风的背风坡和冬季风的迎风坡,气温较低。例如,位于大别山北坡的信阳,虽然比伏牛山南坡的淅川偏南一个纬度,但年平均气温却低 0.3 ℃,1 月平均气温低 0.8 ℃,极端最低气温低 6.8 ℃。

地形对极端最高气温和极端最低气温的影响特别明显。伊洛盆地周围环山,辐射增温,热量不易扩散,如有暖空气移来时,下沉增温,所以极端最高气温非常高,曾达 44.0～44.6 ℃,为全省高温之最,甚至比长江"三大火炉"的重庆、武汉、南京的极端最高气温还高。西峡至南召一带和禹州北部分别有伏牛山和嵩山的遮挡,冬季寒潮冷空气不易侵袭,背风向阳,极端最低气温为全省最高,有记录以来的最低值只有 -13.2 ℃左右。

二、地形对降水的影响

地形对河南各地年降水量有明显影响,主要表现在夏季风的迎风坡降水多而背风坡降水少。这是由于夏季风带来的西南或东南暖湿空气遇山抬升而凝结降水,造成迎风坡降水偏多;而在背风坡气流越山下沉,水汽显著减少,变得比较干燥,则降水较少。例如,伏牛山迎风坡(南坡)的西峡、南召、鲁山一带,年均降水量超过 800 mm,而背风坡(北坡)的洛宁年均降水量不足 600 mm,是河南省年降水量较少的地区之一。此外,山地降水量随海拔高度的增加而增多。例如,嵩山气象站海拔 1174.4 m,年均降水量为 845 mm,而山下海拔370.7 m 的登封站,年均降水量只有 613 mm,相差 232 mm。不过,山地降水量并不是随海拔高度一直递增的,山脉到达一定高度后,随海拔升高,降水量反而出现递减,该高度称"最大降水高度"。

地形对于暴雨日数影响也很明显,地形与各种尺度天气系统相互作用,易导致高大地形附近暴雨天气频繁发生,河南省太行山、伏牛山、大别山前迎风坡处是暴雨多发区,1981—2018年 38 年来,地处太行山迎风坡的林州共出现暴雨日 70 d,而山前地势较低的鹤壁(海拔高度79.4 m)暴雨日数仅有 54 d。伏牛山迎风坡的舞钢也是暴雨多发地带,共有暴雨日 126 d;而背风坡的嵩县暴雨日数仅有 34 d,洛宁最少,仅有 19 d。

山脉对风场的阻挡和绕流作用常使其迎风坡形成独立的地形辐合切变线,其动力抬升作用也会加强雨强,因此,山脉迎风坡、地形梯度较大处和河谷及喇叭口地带常是暴雨中心所在地。例如:1975 年 8 月上旬,台风"尼娜"影响导致的河南省的特大暴雨(史称"75·8"特大暴雨),24 h 雨量达 1060.3 mm,创造了我国降水的最高纪录,至今仍未被打破,特大暴雨中心发生在伏牛山脉东麓驻马店境内,迎风坡的强迫抬升和喇叭口地形的辐合作用使降水大为增强。

三、人类活动对气候的影响

上面 2 节讨论了气候形成的 3 个主要自然因子,特别是太阳辐射因子是天气、气候变化的基本原动力。然而还有一个人类活动因素也不可忽视,随着社会发展,人类活动引起的气候变化越来越受到人们的关注,而且随着人口数量的增加和工业的高速发展,这种影响将越来越明显。

在气候形成的自然过程中,每时每刻都掺杂着人类活动的影响。人类活动既可以使气候向着有利于人类生产和生活的方向转化,又有可能使气候变化给人类造成灾害。人类活动对气候的影响可概括为以下两个方面:

(一)人为改变下垫面性质对气候的影响

河南是全国的人口大省,又是一农业大省。由于人口增长迅速,工农业发展较快,对环境的影响也越来越大,自然环境尤其地表状况已发生了很大变化。下垫面是气候形成的重要因素,人类活动对气候的影响首先通过改变下垫面性质来实现,同时下垫面的改变在一定程度上也影响了气候。

(1)地表植被状况的变化

河南地表植被状况的变化在耕地和林地面积的变化上有突出的反映。1949—1954 年,本省耕地从 734.5 万 hm^2 上升到 906.2 万 hm^2,增加了 171.7 万 hm^2,这部分耕地主要是通过开垦林地和草地增加的。而 1955—1987 年耕地下降到 695.7 万 hm^2,减少 210.5 万 hm^2,平均每年约减少 6.4 万 hm^2。1987 年实际减少 2.9 万 hm^2,减少的原因有:基建占地 0.9 万 hm^2,乡村集体占地 0.36 万 hm^2,农民建房占地 0.48 万 hm^2,退耕还林 0.71 万 hm^2,退耕还牧 0.16 万 hm^2,其他 0.29 万 hm^2。2018 年,全省耕地面积为 819.2 万 hm^2。从河南省耕地面积变化情况看,原始自然景观受人类活动的影响已发生了明显的变化,原来地处偏僻、人迹罕至的地方,现已直接或间接地受到人类活动的影响。

不仅耕地面积有较大变化,河南林地面积变化也很大,中华人民共和国成立时,河南省的自然植被很稀少,平均森林覆盖率仅 8.5%,特别是黄淮海平原基本上是无林区。中华人民共和国成立后,由于人民政府的重视,造林工作开始成为农业建设的一项重要工作。20 世纪 50年代初,从营造沙区防风固沙林开始,到大规模营造各种防护林、用材林、经济林、薪炭林和农田防护网,以及山区在保护和恢复森林资源等方面都取得了很大成绩。从 1962 年起,全省性的造林之风又起。从平原发展"四旁"植树,大规模营造农桐间作和农田林网建设,到山区退耕还林、封山育林,林业工作开始走上正轨。特别是进入 20 世纪 80 年代以来,河南人民加速了森林在生态平衡中作用的认识,加强了绿化工作。到 1989 年,本省森林覆盖率已达 14.8%,森林覆盖率超过 20% 的县有 16 个。2017 年森林普查资料显示,河南省森林覆盖率已达24.53%。

生态环境的改变为河南省农业的发展创造了有利条件。以森林为例,森林最突出的特点是含蓄水分的能力,据有关资料介绍,3333 hm^2 森林的蓄水能力相当于一座 100 万 m^3 的"小水库"。大面积森林的存在,对周围环境会产生明显的影响。森林影响气候的一个重要原因,就是它可以形成有利的林区小气候,影响林区近地层的水分和热量平衡。首先,森林能提高林区空气的湿度,据实际观测,在干旱地区护田林带空气的相对湿度可提高 10%~15%,甚至可以提高 20%,土壤含水量可增加 22~47 mm,地下水也因森林的蓄水能力而增加,森林正是通过上述作用使旱季不旱,涝季不涝。其次,夜间由于林区空气湿度大,能吸收地面放出的长波辐射,并向地面放射长波辐射,提高了近地层空气的温度。再次,林区的存在还可以降低风速,对农作物起保护作用。另外,森林对减少水土流失、干热风、霜冻等自然灾害也有重要作用。因此,大面积森林的存在对改善农业生态环境有着重要作用。

(2)农田灌溉

农田灌溉对气候条件也有十分重要的影响。灌溉首先满足了作物对水分的需要,其次它对改良土壤和贴地层空气的水、热状况也有很好的作用。白天,农田经灌溉后土壤湿润,颜色发暗,对太阳光的反射率减小,吸收率增加;而夜间,灌溉地面的温度一般要比旱地高。这是因为,夜间太阳辐射为零,蒸发停止并发生凝结,凝结潜热可部分地补偿地面因辐射冷却而损失的热量,以维持地面较高的温度,同时灌溉地也因热容量大,冷却速度比干燥地慢。至于土壤下层温度,还应区分冷暖季节,暖季灌溉地段由于土壤湿度大,容积热容量大,一般说各深度温度要比未灌溉旱地低,冷季则以灌溉地段的温度为高。灌溉对农田湿润程度的影响也是很大的。农田经灌溉后,土壤湿度增大,蒸发加强,使贴地层空气的相对湿度和绝对湿度都增加了。

农田灌溉虽然形成有利的农田小气候,利于农作物的生长发育,但灌溉不良也会产生不利影响,引起土壤盐碱化。据统计,1949 年,河南省盐碱地面积为 24 万 hm²。1958 年由于在平原地区错误地实行了"以蓄为主"的方针,大搞蓄水工程,修建平原水库和商、周、永运河(从商丘经周口到永城),加上引黄漫灌,只灌不排,在贾鲁河上修建 9 个梯级综合开发枢纽工程,从而阻碍了自然水系的流向,加重了涝灾和盐碱化。到了 1962 年,全省次生盐碱地面积迅速扩大到 75.8 万 hm²。经过治理,到 1983 年,全省累计治理盐碱地面积 59.9 万 hm²,但全省仍有 20 万 hm² 盐碱地有待进一步治理。

盐碱地的形成和地下水的运动有关,是河南气候的一种特殊反应,也与人类活动有关,这里的地下水含有少量的盐分,秋涝和大量漫灌使地下水位上升,春季地表蒸发强烈,将盐分遗留在地表,形成土壤盐碱化。盐碱地的存在,不仅危害农作物,而且因改变了地表的自然反射率,对气候条件也产生一定的影响。

(3)山区水土保持工作

河南水土保持工作的开展对改善农业生态环境起到了良好的作用。据 20 世纪 50 年代初的调查,河南省水土流失面积达 6.12 万 km²,占全省山地丘陵总面积的 78%,每逢山洪暴发,泥沙俱下,每年流失土壤 2000 亿 kg,流失肥源约 2 亿 kg。经过 30 多年的努力,至 1985 年底,全省水土流失面积已得到初步治理的有 3.9 万 km²,占应治理面积的 63.7%。已修水平梯田逾 8.1 万 hm²,营造水土保持林 15.29 万 hm²,种草 1.85 万 hm²。水土保持和小流域治理工作的开展,使丘陵山地的自然生态环境得到改善,原来荒芜的山坡谷地,通过治理,提高了植被覆盖率;涵养了水分,使旱季不旱,涝季不涝,形成了有利的局地小气候,农业生态环境开始进入良性循环。同时,河南省新建的数千个大、中、小型水库,对改善当地的自然环境也起到了良好的作用。

(二)人为热释放对气候的影响

人类生产和生活中大量消费各种形式的能源,除了向大气里排放温室气体和气溶胶外,还释放大量热量。人为热释放伴随着人类社会发展而长期存在,随着全球人口增长和经济发展,其影响效应不断加剧。人为热释放具有典型地域集中、不均匀分布的特征。伴随全球经济的发展,人口的增长及城市化进程的加剧,人为热释放分布更集中,影响气候的范围逐步扩大,其对气候的影响能力逐步增强。人为热释放是伴随着近代工业革命以来,人类大量使用化石燃料而产生的,随着全球人口的增长和经济的发展,伴随着城市化的发展,已经具有了影响局地气候的能力。

随着工业、交通运输和城市化的发展,世界能源消耗迅速增长。在城市中,人口密度大,工商业活动和交通运输频繁,排出大量温室气体、人为热等。人类活动对气候的影响在城市中表现最为突出。由于受到城市特殊下垫面和人为活动的强烈影响,在城区形成不同于周围郊区的局地气候。

由于城市人口集中,工业发达,释放出大量人为热,导致城市气温高于郊区,从而引起城市和郊区之间的小型热力环流,称之为城市热岛环流(图 2-1)。

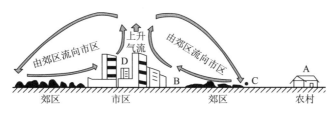

图 2-1　城市热岛环流示意图

以郑州市为例,2016 年热岛主要分布在郑州市区、中牟和新郑一带,另外在巩义的西部、登封中东部、新密中部和荥阳中东部也有热岛存在,其中郑州市区热岛强度更强些。

人为热释放对夜晚温度影响大,对白天温度影响小,热岛强度同样存在日间变化。一天中,郑州夜间的热岛强度明显大于白天,昼夜局地热岛强度变化在郑州市区最为显著。白天的热岛区主要位于郑州中东部和南部,夜间的热岛区主要位于郑州中西部。近 10 年,郑州的热岛强度呈现增长的态势。

从对气候的影响时间尺度上来说,人为热释放会一直伴随着人类社会发展而存在。人类社会的发展离不开对能源的需求,而能源消费的最终结果使排放人为热释放。随着全球经济的发展和人口的增加,以及全球城市化进程的加剧,人为热释放分布相对集中的趋势会更加明显,人为热释放对气候的影响力在逐步加强。人为热释放虽然没有温室气体对全球气候的影响那么显著,但仍然是全球气候变化不可忽视的影响因子。

总之,人类活动对气候的影响是相当广泛的,它涉及气候形成的各个方面,尤其在城市,这种影响尤为突出,而且随着城市规模的不断扩大,这种影响将越来越大。因此,有必要进一步研究人类活动同气候变化相关的新课题。

四、局地大气污染对气候的影响

(一)污染物排放状况

局地大气污染是指能够造成人和生态环境严重损害的小区域空气质量的变化。造成大气污染的因子有:二氧化硫、硫氢化合物、氮氧化物、酸雨、光华和烟雾等。目前细颗粒($PM_{2.5}$)、可吸入颗粒物(PM_{10})、二氧化硫、二氧化氮、一氧化碳、臭氧作为评价环境空气质量的 6 个主要因子,全省城市环境空气质量首要污染物为 $PM_{2.5}$。河南大气污染以煤烟型为主,局部地区有氟气、氯化氢和其他有害气体的污染。

(二)污染对气候的影响

由于大气污染改变了原有的大气成分,对气候产生了明显的影响。首先,大气污染减少了太阳辐射和日照时数。大量的颗粒物和有害气体对太阳入射辐射有程度不同的吸收、散射和反射作用,降低了大气透明度,削弱了到达地表的太阳直接辐射和总辐射,也减少了日照时间;其次增加了城市烟雾频率,减小了能见度。大气污染物中有大量的吸湿性很强的凝结核(如碳粒、硫酸盐类等)在气象条件适宜时,很容易形成雾霾。大气污染物不仅能减少太阳入射辐射,也能改变大气本身的辐射性能,影响地面的有效辐射和地—气之间的辐射热能交换,加之雾霾在生消过程中潜热能的变化,对城市气温产生了一定的影响。

酸雨主要是人为的向大气中排放大量酸性物质造成的,是指 pH 值<5.6 的雨雪或其他形式的降水。酸雨主要是因大量燃烧含硫量高的煤而形成的,多为硫酸雨,少为硝酸雨,此外,各种机动车排放的尾气也是形成酸雨的重要原因。经统计,全省降水的年均 pH 值呈逐年增大趋势,即降水的酸性变小,酸雨出现频率呈明显降低的趋势。

第三章　河南气候概况

第一节　河南气候的基本特点

河南省地处中国中东部的中纬度内陆地区,受太阳辐射、东亚季风环流、地理条件等因素的综合影响,气候为自南向北从北亚热带向暖温带过渡、自东向西从平原向丘陵山区过渡的大陆性季风气候,具有四季分明、雨热同期、气候类型多样、气象灾害频繁的基本特点。

一、四季分明

河南气候四季分明是大陆性气候的最主要特色,随着一年内冬、春、夏、秋季节的更替,四季气候明显各异,具有冬季寒冷干燥,春季干旱多风,夏季炎热多雨,秋季光照充足的特点。

(一)冬季寒冷干燥

冬季(12月—次年2月),河南境内盛行寒冷、干燥的偏北冬季风,气温低,降水少。最冷月1月全省各地平均气温为−2.1~2.7 ℃,由南向北递减;各地极端最低气温为−22.4~−10.1 ℃,大部分地区为−20~−15 ℃;季降水日数为7~25 d,只占年降水日数的10%~20%;季降水量为15~120 mm,不及年降水量的10%。降水少使得空气干燥,全省1月平均相对湿度为49%~77%,为一年中最干燥的时节。

(二)春季干旱多风

春季(3—5月),河南处于冬季风向夏季风转换的过渡季节,气温迅速回升,乍暖乍寒。仲春4月全省各地平均气温为13.5~16.9 ℃;全省季降水日数15~35 d,占年降水日数的21%~27%;全省季降水量自北向南为84~316 mm,占年降水量的15%~25%。各地春季平均风速为0.9~3.6 m/s,4月平均风速为0.9~3.7 m/s,为一年中最大,在沿黄地区及豫北平原有时会出现沙尘暴。春短、干旱、多大风是河南省大部地区春季的气候特色。

(三)夏季炎热多雨

夏季(6—8月),河南境内盛行温暖、湿润的偏南夏季风,气温高、降水多。季内最热月7月平均气温全省大部为26~28 ℃,各地年极端最高气温为38.5~43.5 ℃,多出现在6月、7月,全省绝大部分地区都出现过最高气温在40 ℃以上的记录,高于44 ℃以上的极端最高气温主要出现在豫西伊洛盆地和西部丘陵地区。日最高气温≥35 ℃的高温日数全省大部为10~24 d,豫西山区的栾川最少为3.1 d。夏季为河南降水最多季节,季降水日数为27~42 d,占年降水日数的30%~44%。季降水量为248~633 mm,占年降水量的47%~65%。夏季降水强度大,降水分布极为不均,多大雨和暴雨。

(四)秋季光照充足

秋季(9—11月),为夏季风向冬季风转换的过渡季节,气温迅速下降,降水减少,日照充足。仲秋10月,全省大部地区平均气温为15~17 ℃,北部比南部降温迅速;季降水日数全省

19

15~29 d,占年降水日数的 22%~28%;季降水量全省大部 100~200 mm,占年降水量的 16%~28%;10 月全省日照时数 140~200 h。秋季以晴好天气为主,常有一段"秋高气爽"的天气。

二、雨热同期

河南气候的另一基本特点是各地年内气温和降水的季节性变化趋势一致,即冬季气温最低,降水最少;夏季气温最高,降水也最多,高温期与多雨期同步出现,这种雨热同期的气候特点对农业生产较为有利,提高了水热资源的利用率。但雨热一致的气候特点也有不利于农业生产的一面,由于气温的年际变化较降水的年际变化小,尤其是降水在夏季强度大,分配极为不均,年际间的差异明显,有时会造成农作物需水关键期无雨,影响农作物的正常生长发育。

三、气候类型多样

河南省地形复杂多样,境内山地、丘陵、平原、盆地等多种地貌类型俱全,河南气候类型的复杂多样性主要表现在气候过渡性和特殊的气候自然类型区。河南气候过渡性主要表现在两个方面:一是南北方向上的纬度地带性过渡,全省由南向北从北亚热带气候过渡到暖温带气候,亚热带与暖温带气候的分界线,大体在西部伏牛山南坡到东部淮河一线;二是东西方向上的高度地带性过渡,河南境内东部是广阔的大平原,西部是连绵的丘陵山地,自东向西由平原区气候过渡到丘陵和山区气候。西部山地气候复杂多样,适宜多种植物栽培,对农业生产的种植多样化和多种经营较为有利。依据自然地理条件,将全省划分为 7 个自然气候区:太行山气候区、豫西丘陵气候区、豫西山地气候区、豫东北气候区、淮北平原气候区、南阳盆地气候区和淮南气候区。

四、气象灾害频繁

河南省地处黄淮海平原腹地,气象灾害类型多、频率高、范围广、危害重,是全国气象灾害严重的省份之一,主要气象灾害有干旱、暴雨洪涝、风雹、低温冷冻、雪灾、高温、连阴雨、干热风等,其中干旱居首位,暴雨洪涝次之,干旱和洪涝面积约占农作物受灾总面积的 70%。历史上河南旱灾平均 2 年多一次,大旱年平均 6~7 年一遇;洪涝平均 2 年一次,大涝年平均 8~9 年一遇,降雹年份平均 2 年一遇,局部还会出现 1 年多次降雹。

从河南气候特点及对农业生产的影响而言,应该说是利弊皆有且利大于弊。温度适中、降水充沛、光照充足及雨热同期、气候类型多样是河南气候条件的巨大优势,适合农、林、牧、副、渔各业发展,生产潜力很大。但是气候的季节、空间变化大,年际间的差异显著又常导致气候的异常变化而发生旱、涝、风、雹等气象灾害,对河南农业发展有着较为不利的影响。

第二节 太阳辐射

一、太阳总辐射

(一)空间分布

通过整理分析河南省辐射站的观测资料,建立了河南省太阳总辐射的气候学计算方法,将该方法应用到其他各气象站点,利用常规观测的日照时数推算出了各气象站的地表太阳总辐射(表 3-1)。根据所计算的 1981—2010 年各站点太阳总辐射量可以看出,河南省太阳辐射的空间分布基本上呈现北多南少、西多东少的特征,这一分布特征与太阳能随纬度的分布规律相反,即一般是随纬度增高总辐射减少,河南省太阳总辐射这种南少北多的现象主要是河南南部地区受云天状况的影响,阴雨天多导致日照时数少于河南北部地区所致。河南省各地年太阳总辐射在 4333 MJ/m² (新县)～5050 MJ/m² (渑池),平均为 4653 MJ/m²,集中表现为南阳盆地和豫南地区较少,在 4600 MJ/m² 以下;其余地区相对较多,特别以豫西和豫北地区最为丰富,多超过 4700 MJ/m²。

表 3-1　河南代表站各月平均及全年太阳总辐射(MJ/m²)

站名	各月平均												全年
	1	2	3	4	5	6	7	8	9	10	11	12	
安阳	212.6	265.7	400.3	519.8	601.7	576.4	507.2	484.1	400.8	326.1	235.9	194.8	4725.4
济源	222.3	257.1	375.2	490.3	565.3	550.0	479.5	446.7	370.9	317.5	245.7	213.2	4533.7
焦作	215.2	258.5	385.0	505.7	575.6	562.4	488.9	465.2	381.9	325.0	243.1	201.4	4607.9
新乡	224.5	273.3	404.5	520.8	602.4	583.2	516.6	493.5	401.8	336.7	249.8	207.9	4815.0
鹤壁	234.1	283.0	392.5	521.2	618.2	595.1	524.7	501.7	408.6	345.5	213.2	4885.9	4885.9
濮阳	226.3	270.7	410.4	523.9	599.7	589.1	510.9	489.3	405.5	342.8	249.1	207.8	4825.5
三门峡	236.8	268.2	391.8	509.9	588.9	579.4	559.1	498.5	384.0	318.7	250.8	221.8	4807.9
卢氏	261.2	283.1	400.4	503.8	558.0	547.3	541.4	483.2	372.4	326.3	265.8	244.1	4786.9
孟津	245.4	273.6	399.4	518.4	596.5	572.4	511.7	472.6	395.2	337.3	265.0	236.0	4823.5
洛阳	242.8	267.7	377.1	503.0	567.4	568.9	527.0	472.8	389.9	328.3	250.6	226.3	4721.8
洛宁	242.2	270.8	401.4	508.7	576.5	559.2	514.3	462.5	370.4	314.0	256.1	230.3	4706.4
栾川	269.8	290.3	411.5	526.5	586.7	572.0	542.8	498.6	391.7	342.0	281.3	256.3	4969.5
郑州	227.0	263.8	391.9	505.6	578.4	569.6	500.8	466.4	384.8	328.0	253.0	213.5	4683.6
许昌	223.2	260.2	386.5	497.0	559.1	550.5	509.3	462.0	383.2	321.3	245.6	207.1	4605.0
开封	223.4	263.0	396.9	512.2	581.6	572.5	510.7	478.6	394.0	338.3	249.0	205.4	4726.3
西峡	229.7	251.8	367.8	476.0	531.7	531.5	504.0	472.5	364.3	314.8	256.6	223.5	4524.2
平顶山	221.9	246.6	360.1	494.4	545.1	534.1	514.7	482.1	380.2	324.3	253.7	214.7	4571.4
南阳	208.5	251.9	365.3	468.3	519.5	509.0	486.3	468.5	367.9	311.4	244.0	205.0	4405.6
内乡	220.9	252.3	362.4	465.8	522.2	509.0	489.2	462.9	360.6	306.6	250.2	216.0	4419.0
宝丰	222.7	259.7	378.2	484.8	548.9	537.4	478.4	441.7	368.7	318.1	248.9	211.5	4499.0
漯河	232.1	269.2	392.8	502.0	560.6	551.3	522.9	477.1	394.0	330.2	257.2	215.1	4705.1
西华	227.2	265.9	388.9	502.5	562.4	549.6	508.8	475.8	388.4	327.2	252.2	207.5	4656.7
周口	220.0	263.2	388.3	497.0	555.7	542.7	512.0	469.9	387.1	326.0	249.0	203.9	4615.1
驻马店	224.5	252.6	374.4	472.1	529.6	516.7	484.2	435.9	371.1	317.0	252.3	216.4	4446.8
信阳	217.7	248.6	365.8	460.1	518.8	508.0	505.0	460.7	372.6	315.0	255.7	219.7	4448.1
商丘	222.6	264.4	387.2	496.0	561.1	534.3	484.4	455.6	390.1	335.4	249.6	204.6	4585.3
永城	232.6	274.2	391.1	497.9	568.1	541.8	504.5	486.0	404.5	342.7	257.3	217.1	4717.8

(二)年内变化

从时间分布来看,不论是推算还是实际观测的河南省太阳总辐射量都表现出明显变化,呈单峰型季节分布,夏季大,冬季小,春秋两季介于中间;1981—2010 年全省平均月太阳总辐射1—5 月逐月增加,6—12 月逐月减少;平均月总辐射在 216～567 MJ/m² ,其中 12 月辐射量最小,5 月最大;5 月、6 月、7 月是总辐射较大的月,总辐射>500 MJ/m² ,而 1 月、2 月、11 月、12月相对较小,在 270 MJ/m² 以下;这种时间分布特征与日照时数较为一致(图 3-1 和图 3-3)。总体来说,河南省太阳总辐射量年内分配呈现一定的不均衡性,向夏季集中,辐射量最大月值与最小月值之比>2.0,太阳能资源的开发利用需要充分考虑到这种明显的季节性变化。

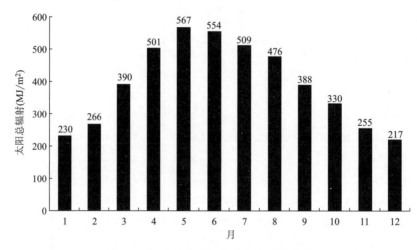

图 3-1　河南省各月平均太阳总辐射变化

(三)年际变化

受大气气溶胶增加及日照时数减少的影响,1961—2018 年河南省年平均太阳总辐射量有较为显著的减少趋势,10 年线性倾向率为−132.6 MJ/m² ,回归显著性>95% 的置信水平,而利用实际观测的辐射和日照时数资料也印证了这种趋势(图 3-2)。

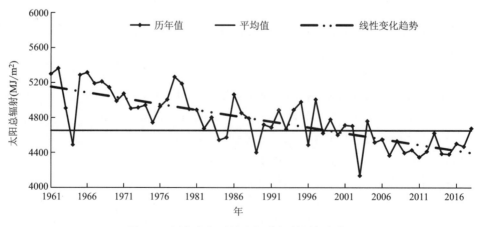

图 3-2　河南省年平均太阳总辐射历年变化

二、日照时数与日照百分率

一地获得辐射量的多少,除与太阳辐射通量密度有关外,还与太阳照射时间有关。太阳在一地实际照射地面的时数,称为"日照时数"。太阳直射光线在无地物、云、雾等任何遮蔽的情况下,从日出到日落照射到地面上所经历的时间,称为"可照时数"。有时为了消除纬度、季节等因素对日照的影响,采用日照百分率(指日照时数与可照时数的百分比)来比较不同地区光照条件的优劣。

(一)日照时数

河南各地年日照时数为1730～2300 h,分布特点是北部多于南部(表3-2)。2000 h等值线大致从河南中部经柘城、宝丰、栾川、卢氏一线附近至省界,将全省分为南北两大部分。此线以北的大部分地区日照时数在2000 h以上,其中豫北东北部的南乐、太行山东南侧的温县、豫西的渑池和豫东的虞城在2200 h以上,渑池日照时数最多为2297 h,是全省日照最丰富的地方;此线以南的大部分地区日照时数在2000 h以下,其中南阳盆地的淅川、内乡、南召、南阳及信阳的息县、新县、商城不足1800 h,是全省日照最少的地区。全省年内日照时数呈单峰型分布,以春季最多,夏季次之,冬季最少;年内各月日照时数为130～213 h,2—5月逐月增加,6—12月逐月减少,其中2月最小,5月最大;4—6月是日照时数较大的月,为200～210 h,而12月—次年2月相对较小,在140 h以下(图3-3)。

表3-2 河南代表站各月平均及全年总日照时数(h)

站名	各月平均												年平均	记录年份
	1	2	3	4	5	6	7	8	9	10	11	12		
安阳	130.6	144.9	177.9	221.0	243.1	223.5	183.7	197.2	177.4	168.7	146.0	132.1	2146.1	1981—2001
济源	123.6	121.0	151.8	187.2	208.8	194.7	156.9	159.7	145.4	152.1	142.8	133.5	1877.5	1981—2010
焦作	125.4	130.2	165.6	204.5	220.6	206.8	164.2	171.5	156.9	162.1	145.9	128.1	1981.8	1981—2010
新乡	133.1	141.8	178.9	215.1	237.7	221.5	182.6	192.4	172.5	171.8	152.6	135.4	2135.4	1981—2010
濮阳	137.1	140.4	183.1	216.8	234.7	224.7	179.5	188.4	173.9	176.8	153.0	138.5	2146.9	1981—2010
三门峡	144.6	137.9	173.6	201.6	225.2	224.3	208.3	188.5	162.4	154.5	148.9	147.8	2117.8	1981—2010
卢氏	156.9	137.8	161.5	188.6	198.9	192.1	193.0	179.9	145.2	154.6	154.4	158.3	2021.2	1981—2010
孟津	153.7	141.5	173.4	210.8	231.2	213.1	179.1	180.8	167.4	172.0	165.8	162.8	2151.3	1981—2010
栾川	160.6	141.7	169.4	202.3	216.4	207.1	191.2	186.3	157.6	164.2	165.1	166.5	2128.4	1981—2010
郑州	131.1	129.9	167.3	201.6	220.2	210.8	171.6	171.7	157.9	162.1	150.8	135.3	2010.0	1981—2010
许昌	124.1	124.0	161.0	195.2	209.6	197.5	178.6	169.7	156.2	152.4	139.6	125.5	1933.4	1981—2010
开封	131.7	132.1	171.3	208.2	223.0	213.5	179.8	180.1	167.1	170.6	150.3	131.0	2058.7	1981—2010
西峡	129.1	115.4	146.7	180.2	190.7	189.7	176.5	176.0	145.4	149.6	148.4	139.5	1887.2	1981—2010
南阳	105.2	113.6	144.3	174.1	184.6	175.5	167.2	175.2	146.3	144.6	134.4	118.2	1783.4	1981—2010
宝丰	115.6	118.0	152.1	183.8	198.8	187.6	157.7	154.0	144.2	148.0	138.6	122.8	1821.2	1981—2010
漯河	134.4	133.2	166.3	199.7	211.8	200.6	191.1	181.8	165.2	162.0	151.5	135.0	2032.7	1981—2010
西华	130.8	129.9	163.3	199.9	212.3	200.5	182.7	180.8	160.2	156.9	146.6	127.5	1991.4	1981—2010

续表

站名	各月平均												年平均	记录年份
	1	2	3	4	5	6	7	8	9	10	11	12		
周口	122.4	127.9	163.0	195.6	209.0	196.4	183.1	174.5	158.9	156.5	142.6	123.0	1952.9	1981—2010
桐柏	129.0	122.2	150.1	180.2	191.4	183.0	181.7	174.8	151.1	154.5	151.8	136.5	1906.3	1982—2010
驻马店	123.9	116.9	150.8	178.5	190.9	181.2	168.1	155.7	149.1	149.1	144.0	132.8	1841.0	1981—2010
信阳	116.8	113.9	145.2	171.4	186.9	178.3	180.3	169.1	147.6	146.5	144.0	132.0	1832.0	1981—2010
商丘	128.2	130.8	162.6	195.3	210.7	187.5	162.9	163.9	161.7	165.5	146.6	125.7	1941.4	1981—2010
永城	134.9	137.4	164.0	195.7	215.3	192.9	180.4	186.1	171.9	169.8	150.8	135.5	2034.7	1981—2010
固始	124.1	120.9	147.8	181.9	199.6	189.8	191.8	188.8	156.2	155.1	153.2	138.2	1947.4	1981—2010

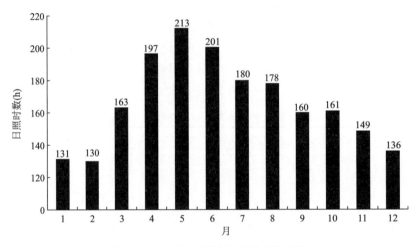

图 3-3　河南省各月平均日照时数变化

1961—2018 年全省年平均日照时数具有显著的减少趋势,减少速率为 93.5 h/10 a,其中 1965 年最多(2460 h),2003 年最少(1672 h),2005—2016 年持续偏少(图 3-4)。

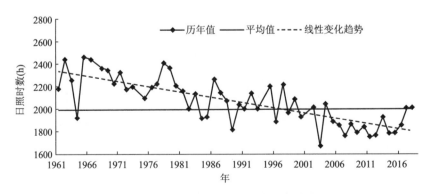

图 3-4　河南省年平均日照时数历年变化

（二）日照百分率

日照百分率用来衡量一个地区、某一时段内太阳辐射条件的优劣状况。如果日照百分率小，表明该地多阴雨天气，光照条件差，反之光照条件优越。

河南各地年平均日照百分率为39％～52％，为北多南少分布（表3-3），许昌以北大部在45％以上，其中渑池、温县51％～52％，为全省日照条件最优越地区；许昌以南大部日照百分率在45％以下，其中息县、新县最小，为39％。日照百分率年内呈双峰型分布，春季最大，秋季次之，受降水影响，夏季明显减少；各月平均日照百分率为41％～50％，4—6月和10—11月较大，在46％以上；而1—2月和7月较小，在42％以下；其中4月最大，7月最小（图3-5）。

表 3-3　河南代表站各月及年平均日照百分率(%)

站名	各月平均												年平均
	1	2	3	4	5	6	7	8	9	10	11	12	
安阳	42	47	48	56	56	51	42	48	48	49	48	44	48
济源	39	39	41	47	48	45	36	39	40	44	47	44	42
焦作	40	42	44	52	51	48	37	42	43	47	48	42	45
新乡	42	46	48	54	55	51	42	47	47	50	50	45	48
濮阳	44	45	49	55	54	52	41	46	47	51	50	46	48
三门峡	46	44	47	51	52	52	48	46	44	45	49	49	48
卢氏	50	44	43	48	46	45	44	44	40	45	50	52	46
孟津	49	46	46	54	53	49	41	44	46	50	54	54	49
栾川	51	45	45	52	50	48	44	45	43	47	53	54	48
郑州	42	42	45	51	51	49	39	42	43	47	49	44	45
许昌	39	40	43	50	49	46	41	41	43	44	45	41	44
开封	42	43	46	53	51	49	41	44	45	49	49	43	46
西峡	41	37	39	46	44	44	41	43	40	43	48	45	43
南阳	33	36	39	44	43	41	39	43	40	42	43	38	40
宝丰	37	38	41	47	46	44	36	38	39	43	45	40	41
漯河	42	43	45	51	49	47	44	44	45	47	49	44	46
西华	41	42	44	51	49	47	42	44	44	45	47	42	45
周口	39	41	44	50	48	46	42	43	43	45	46	40	44
桐柏	40	39	40	46	45	43	42	43	41	44	49	44	43
驻马店	39	37	40	46	44	42	39	38	41	43	46	43	42
信阳	37	36	39	44	44	42	42	41	40	42	46	42	41
商丘	41	42	44	50	49	47	37	40	44	48	48	41	44
永城	43	44	44	50	50	45	41	45	47	49	49	44	46
固始	39	39	40	47	47	45	44	46	43	45	49	44	44

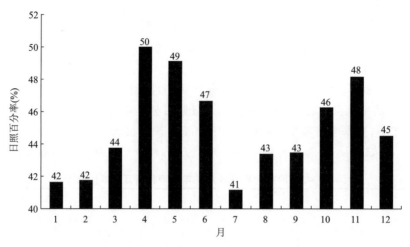

图 3-5　河南省各月平均日照百分率变化

第三节　温度

温度是表示物体冷热程度的物理量,在农业气候分析中,常用温度表示作物生长发育所需的热量。河南各地气温变化十分显著,尤其是极端气温体现了河南冬季严寒、夏季炎热的气候特点。本书通过四季长短、平均气温、极端气温、无霜期等的分布和变化规律,来阐述河南热量资源的基本特征。

一、四季长短

划分四季的标准常因目的和要求不同而异,但各季必须要有独特的温度特征,也就是表现出冬冷夏热、春暖秋凉的季节特征。目前,国家规定采用 3—5 月为春季,6—8 月为夏季,9—11 月为秋季、12 月—次年 2 月为冬季。气候学上,根据气象行业标准 QX/T 152—2012《气候季节划分》,目前普遍采用日平均气温 5 d 滑动平均稳定通过 10～22 ℃为春季和秋季,高于 22 ℃为夏季,低于 10 ℃为冬季。由于各地温度差异,所以四季长短各地不尽相同。气候四季较好地体现了各个季节的温度特征,而且与河南省实际物候现象和农事活动基本相符。

河南省平均入春日期在 3 月 20 日,春季长度为 62 d。各地入春日期为 3 月 16 日(淅川)—30 日(栾川),南部早,西部和北部晚,除淮南大部、南阳盆地西峡、淅川和豫北焦作在 3 月中旬入春外,大部分地区在 3 月下旬入春。全省春季长度为 56 d(安阳)～78 d(栾川),南部长北部短,豫西山地的卢氏、栾川春季长度大于 70 d。

全省平均入夏日期在 5 月 21 日,夏季长度为 111 d。各地入夏日期为 5 月 14 日(焦作)—6 月 16 日(栾川),夏季天数为 65(栾川)～127 d(焦作);豫西山地渑池、卢氏、栾川夏季始于 6 月上旬,夏季日数只有 65～90 d;全省大部分地区在 5 月中下旬入夏,夏季日数在 110 d 以上。

全省平均入秋日期在 9 月 9 日,秋季长度为 61 d。各地入秋日期为 8 月 20 日(栾川)—9 月 19 日(固始),山区早,平原晚,大部分地区为 9 月 7—16 日,由北向南先后入秋,其中栾川最早,固始最晚。各地秋季日数为 54～73 d,安阳、辉县最少,栾川最多。

全省平均入冬日期在 11 月 9 日,冬季长度为 131 d。各地入冬日期为 10 月 31 日(卢氏)—11 月 18 日(商城),北部和西部早,南部晚,豫北北部和豫西大部在 11 月 5 日之前,其中卢氏最早;淮南地区和南阳盆地的淅川在 11 月 16—20 日,其中商城最晚;其余地区为 11 月 6—15 日。各地冬季日数为 120~150 d,豫南大部在 130 d 以下,豫北北部和豫西山区在 140 d 以上,其余地区为 130~140 d,其中商城最短,栾川最长(表3-4)。

综上所述,河南各地四季来临时间不一,各地长短亦有差异。就全省而言,四季分配为:冬季最长,时长为 4.4 个月;夏季次之为 3.7 个月;春、秋季较短,时长约为 2 个月。1961—2018 年,全省入春时间具有明显提前的趋势,冬季日数明显减少;入夏、入秋、入冬时间和春、夏、秋季日数均无明显的线性变化趋势。进入 21 世纪以来,全省入春和入夏时间多较常年提前,冬季日数明显偏少;入秋和入冬时间较常年推迟,春、夏、秋季日数较常年偏多。

表 3-4　河南代表站气候四季平均开始日期及天数

站名	春始 (日/月)	春季 d	夏始 (日/月)	夏季 d	秋始 (日/月)	秋季 d	冬始 (日/月)	冬季 d
安阳	25/3	56	20/5	116	13/9	54	6/11	140
济源	23/3	61	23/5	110	10/9	60	9/11	135
焦作	17/3	58	14/5	127	18/9	55	12/11	126
新乡	22/3	60	21/5	114	12/9	56	7/11	136
濮阳	26/3	60	25/5	107	9/9	56	4/11	143
三门峡	19/3	64	22/5	109	8/9	60	7/11	133
卢氏	28/3	73	9/6	79	27/8	65	31/10	149
孟津	25/3	59	23/5	107	7/9	63	9/11	137
栾川	30/3	78	16/6	65	20/8	73	1/11	150
郑州	22/3	58	19/5	115	11/9	59	9/11	134
许昌	23/3	60	22/5	112	11/9	60	10/11	134
开封	22/3	60	21/5	114	12/9	58	9/11	134
西峡	19/3	65	23/5	111	11/9	65	15/11	125
南阳	20/3	61	20/5	117	14/9	59	12/11	129
宝丰	24/3	59	22/5	111	10/9	61	10/11	135
漯河	22/3	60	21/5	116	14/9	59	12/11	131
西华	22/3	62	23/5	111	11/9	60	10/11	133
周口	20/3	61	20/5	119	16/9	57	12/11	129
桐柏	19/3	63	21/5	114	12/9	63	14/11	126
驻马店	21/3	61	21/5	115	13/9	62	14/11	128
信阳	18/3	63	20/5	118	15/9	63	17/11	122
商丘	24/3	61	24/5	109	10/9	59	8/11	137
永城	25/3	61	25/5	112	14/9	57	10/11	136
固始	18/3	62	19/5	123	19/9	59	17/11	122

二、平均气温

(一)空间分布

1981—2010 年河南省各地年平均气温为 12.3~15.8 ℃,由南向北递减。受地形影响,豫北北部和豫西西部年平均气温在 14 ℃以下,其中豫西深山区的卢氏、栾川因地势较高气温较低,年平均气温在 13 ℃以下;豫南大部、豫北焦作和豫东南周口局部在 15 ℃以上,其中淅川、商城最高;其余地区为 14~15 ℃(图 3-6)。

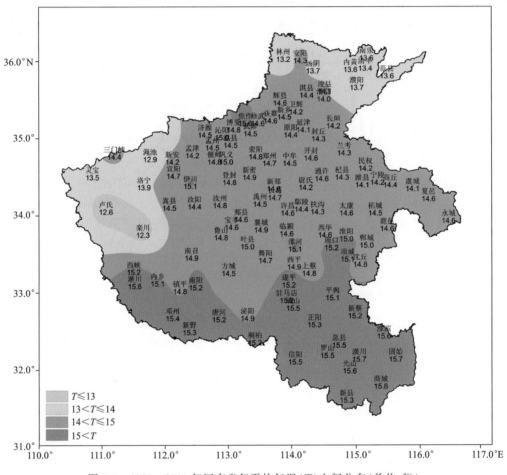

图 3-6 1981—2010 年河南省年平均气温(T)空间分布(单位:℃)

(二)年内变化

河南省年内各月平均气温呈典型的单峰型分布特征,以 1 月最低,7 月最高(图 3-7)。隆冬 1 月各地平均气温由南向北由 2.7 ℃下降到 −2.1 ℃,南北差异较大。盛夏 7 月平均气温分布比较均匀,除豫西山地因海拔较高气温较低外,全省大部为 26~28 ℃(表 3-5)。

全省气温的季节变化差异较大,冬季南北温差大,各地冬季平均气温为 1.3~6.1 ℃;夏季气温普遍较高,大部为 25~27 ℃;春秋两季大部为 14~16 ℃,整体来说秋温略高于春温,豫北和豫西春温高于秋温 0.1~1.4 ℃,中东部和南部秋温高于春温 0.1~1.1 ℃(表 3-6)。

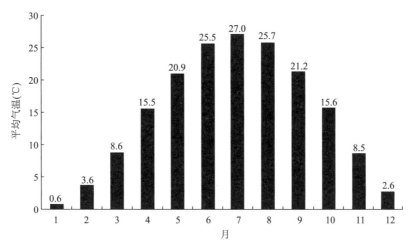

图 3-7 河南省各月平均气温变化

表 3-5 河南代表站各月及年平均气温(℃)

站名	各月平均												年平均	记录年份
	1	2	3	4	5	6	7	8	9	10	11	12		
安阳	−0.8	2.6	8.2	15.9	21.3	26.0	27.2	25.9	21.4	15.2	7.2	1.3	14.3	1981—2001
济源	0.3	3.4	8.5	15.4	20.8	26.0	27.1	25.6	21.1	15.6	8.1	2.2	14.5	1981—2010
焦作	1.3	4.6	9.8	16.9	22.3	26.8	27.7	26.5	22.2	16.6	9.3	3.3	15.6	1981—2010
新乡	0.0	3.4	8.8	15.9	21.2	25.8	27.1	25.9	21.3	15.3	7.8	1.9	14.5	1981—2010
濮阳	−1.3	2.2	7.8	14.9	20.3	25.4	26.8	25.5	20.8	14.7	6.8	0.7	13.7	1981—2010
三门峡	0.0	4.1	9.6	16.0	21.2	25.4	26.8	25.3	20.6	14.6	7.5	1.7	14.4	1981—2010
洛宁	0.6	3.4	8.5	15.4	20.2	24.1	25.9	24.5	19.8	14.1	7.8	1.7	13.9	1981—2010
卢氏	−0.9	2.2	7.3	14.1	18.7	22.7	24.9	23.5	18.7	12.8	6.3	0.6	12.6	1981—2010
孟津	0.2	3.1	8.1	15.4	20.8	25.2	26.2	24.8	20.6	15.2	8.2	2.1	14.2	1981—2010
栾川	−0.3	2.2	6.9	13.5	17.9	21.8	23.8	22.5	17.8	12.6	6.8	1.5	12.3	1981—2010
郑州	0.5	3.5	8.8	16.0	21.5	26.0	27.1	25.8	21.2	15.5	8.4	2.5	14.7	1981—2010
许昌	0.7	3.6	8.5	15.2	20.9	25.8	27.0	25.6	21.1	15.7	8.5	2.7	14.6	1981—2010
开封	0.3	3.5	8.7	15.7	21.1	25.7	27.0	25.9	21.4	15.6	8.3	2.2	14.6	1981—2010
西峡	2.4	4.9	9.5	15.9	20.9	25.0	26.6	25.4	21.2	15.9	9.9	4.4	15.2	1981—2010
南阳	1.6	4.5	9.2	15.9	21.3	25.6	27.0	26.0	21.7	16.2	9.3	3.5	15.2	1981—2010
宝丰	0.9	3.6	8.4	15.3	20.9	25.9	26.9	25.4	21.1	15.7	8.7	2.9	14.6	1981—2010
漯河	1.2	4.1	8.9	15.5	21.1	26.1	27.4	26.0	21.7	16.3	9.2	3.2	15.1	1981—2010
西华	0.8	3.8	8.7	15.3	20.7	25.3	27.0	25.7	21.2	15.5	8.6	2.9	14.6	1981—2010
周口	1.3	4.3	9.2	15.9	21.3	25.9	27.5	26.5	22.0	16.3	9.2	3.3	15.2	1981—2010
桐柏	1.8	4.4	9.3	16.3	21.3	25.0	27.1	25.9	21.4	16.0	9.7	3.9	15.2	1982—2010
驻马店	1.5	4.2	9.0	15.8	21.2	25.7	27.3	26.0	21.6	16.3	9.6	3.6	15.2	1981—2010
信阳	2.4	4.9	9.7	16.4	21.4	25.0	27.3	26.2	21.8	16.4	10.3	4.7	15.5	1981—2010
商丘	0.1	3.2	8.4	15.2	20.6	25.4	27.0	25.7	21.1	15.3	8.1	2.1	14.4	1981—2010
永城	0.3	3.2	8.1	14.8	20.4	25.5	27.3	26.2	21.8	16.1	8.6	2.4	14.6	1981—2010
固始	2.4	4.9	9.6	16.2	21.5	25.1	27.6	26.7	22.5	17.0	10.4	4.6	15.7	1981—2010

表 3-6　河南代表站四季平均气温及春秋两季温差(℃)

站名	冬季 (12月—次年2月)	春季 (3—5月)	夏季 (6—8月)	秋季 (9—11月)	春秋季温差	记录年份
安阳	2.6	15.1	26.4	14.6	0.5	1981—2001
济源	3.5	14.9	26.2	14.9	0.0	1981—2010
焦作	4.6	16.3	27.0	16.0	0.3	1981—2010
新乡	3.2	15.3	26.3	14.8	0.5	1981—2010
濮阳	2.1	14.3	25.9	14.1	0.2	1981—2010
三门峡	3.1	15.6	25.8	14.2	1.4	1981—2010
洛宁	3.6	14.7	24.8	13.9	0.8	1981—2010
卢氏	2.0	13.4	23.7	12.6	0.8	1981—2010
孟津	3.5	14.8	25.4	14.7	0.1	1981—2010
栾川	2.7	12.8	22.7	12.4	0.4	1981—2010
郑州	3.8	15.4	26.3	15.0	0.4	1981—2010
许昌	4.0	14.9	26.1	15.1	−0.2	1981—2010
开封	3.6	15.2	26.2	15.1	0.1	1981—2010
西峡	5.6	15.4	25.7	15.7	−0.3	1981—2010
南阳	4.8	15.5	26.2	15.7	−0.2	1981—2010
宝丰	4.2	14.9	26.1	15.2	−0.3	1981—2010
漯河	4.5	15.2	26.5	15.7	−0.5	1981—2010
西华	4.1	14.9	26.0	15.1	−0.2	1981—2010
周口	4.6	15.5	26.6	15.8	−0.3	1981—2010
桐柏	5.1	15.6	26.0	15.7	−0.1	1982—2010
驻马店	4.9	15.3	26.3	15.8	−0.5	1981—2010
信阳	5.8	15.8	26.2	16.2	−0.4	1981—2010
商丘	3.4	14.7	26.0	14.8	−0.1	1981—2010
永城	3.8	14.4	26.3	15.5	−1.1	1981—2010
固始	5.8	15.8	26.5	16.6	−0.8	1981—2010

(三)年际变化

1961—2018年全省年平均气温呈显著升高趋势,平均每10年升高0.19℃,20世纪60—90年代前期全省气温明显偏低,90年代中期以来大多数年份气温明显偏高(图3-8)。

三、极端气温

(一)平均最高、最低气温

日最高气温和日最低气温分别是一日中气温的最高值和最低值,各日最高气温和最低气温的月平均值,分别称为该月的平均最高气温和平均最低气温。

河南各地平均最高气温分布为:夏季(6—8月)各月全省平均最高气温都在30℃以上(图3-9、表3-7),南北差异很小。夏季平均最高气温除豫西大部、南阳东北部和淮南信阳较低外,

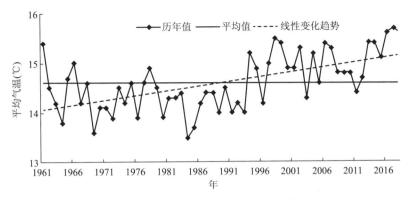

图 3-8　河南省年平均气温历年变化

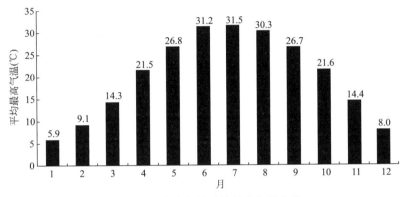

图 3-9　河南省各月平均最高气温变化

其他地区均高于 31 ℃,其中,豫北太行山东南侧的焦作、济源—豫西丘陵的偃师、伊川一带,周口、南阳两市局部在 31.5 ℃以上,偃师最高达 32.2 ℃,为全省夏季高温区。

　　河南各地平均最低气温分布为:冬季(12 月—次年 2 月)各月全省平均最低气温都在 0 ℃以下(图 3-10、表 3-8),除 12 月和 2 月豫南大部和豫中、豫东南局部平均最低气温在 0 ℃以上外,其余地区各月均在 0 ℃以下。冬季全省平均最低气温南北之间差异很大,由北向南逐渐升高,豫北北部和豫西山区在 −3 ℃以下,其中林州最低为 −5.1 ℃,是全省最冷的地区;南阳盆地西南部和驻马店大部为 −1～0 ℃;淮南信阳市较高在 0 ℃以上,其中商城最高为 0.6 ℃,是全省冬季最温暖的地方。

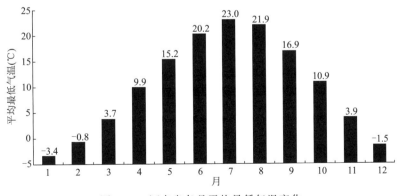

图 3-10　河南省各月平均最低气温变化

1961—2018 年全省年平均最高气温和年平均最低气温均呈显著升高趋势,增温速率为年平均最低气温(0.32 ℃/10 a)>年平均气温(0.19 ℃/10 a)>年平均最高气温(0.12 ℃/10 a)。同年平均气温的变化趋势一致,1994 年以来全省大多数年份年平均最高气温和年平均最低气温均明显偏高(图 3-11、图 3-12)。

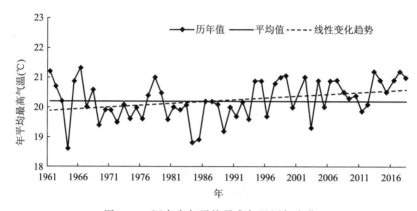

图 3-11　河南省年平均最高气温历年变化

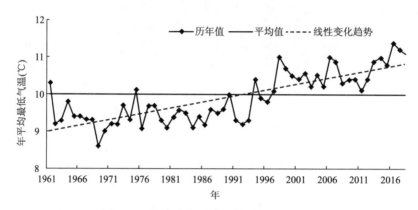

图 3-12　河南省年平均最低气温历年变化

表 3-7　河南代表站各月及年平均最高气温(℃)

站名	各月平均												年平均	记录年份
	1	2	3	4	5	6	7	8	9	10	11	12		
安阳	4.3	8.1	13.8	21.8	27.1	31.7	31.8	30.6	27.0	21.3	12.9	6.5	19.7	1981—2001
济源	6.5	9.7	14.8	22.0	27.3	32.4	31.9	30.3	27.0	22.0	14.8	8.6	20.6	1981—2010
焦作	6.0	9.5	15.1	22.4	27.8	32.3	32.1	30.8	27.2	22.0	14.4	8.0	20.6	1981—2010
新乡	5.3	9.0	14.5	21.8	27.0	31.5	31.6	30.4	26.7	21.4	13.7	7.3	20.0	1981—2010
鹤壁	4.8	8.1	13.1	21.5	26.9	31.4	31.4	30.1	26.6	21.3	13.3	7.1	19.6	1981—2010
濮阳	4.4	8.2	14.0	21.3	26.6	31.6	31.5	30.4	26.8	21.3	13.0	6.3	19.6	1981—2010
三门峡	5.1	9.5	15.6	22.5	27.5	31.6	31.9	30.3	26.0	20.3	13.1	6.7	20.0	1992—2010
卢氏	6.1	9.1	14.5	21.6	26.0	29.7	30.9	29.5	25.0	20.0	13.9	7.9	19.5	1981—2010
孟津	5.3	8.4	13.8	21.5	26.8	31.0	30.9	29.3	25.6	20.5	13.6	7.4	19.5	1981—2010
洛阳	6.6	9.3	14.2	22.2	27.3	31.9	32.2	30.6	27.0	21.8	14.5	8.7	20.5	1981—1998

站名	各月平均												年平均	记录年份
	1	2	3	4	5	6	7	8	9	10	11	12		
栾川	6.6	8.8	13.7	20.7	24.8	28.5	29.7	28.2	24.0	19.6	14.2	8.7	19.0	1981—2010
郑州	5.8	9.2	14.7	22.1	27.5	31.8	31.7	30.3	26.7	21.7	14.4	7.9	20.3	1981—2010
许昌	6.0	9.3	14.4	21.4	27.0	32.0	31.8	30.3	26.9	21.9	14.5	8.1	20.3	1981—2010
开封	5.2	8.8	14.4	21.6	26.9	31.3	31.5	30.4	26.6	21.5	13.9	7.2	19.9	1981—2010
西峡	7.8	10.5	15.3	22.2	27.2	31.0	31.5	30.4	26.6	21.9	16.0	10.1	20.9	1981—2010
平顶山	7.0	8.9	13.9	21.9	27.0	31.2	32.1	30.8	26.9	22.0	15.6	9.3	20.6	1981—2010
南阳	6.6	9.8	14.7	21.5	26.9	30.9	31.4	30.4	26.8	21.8	15.1	8.8	20.4	1981—2010
宝丰	6.7	9.6	14.5	21.6	27.1	31.9	31.6	30.2	26.8	21.9	15.0	8.8	20.5	1981—2010
漯河	6.3	9.5	14.5	21.3	27.0	32.1	32.0	30.5	27.1	22.1	14.8	8.4	20.5	1981—2010
西华	5.9	9.3	14.5	21.5	26.8	31.4	31.7	30.4	26.8	21.9	14.7	8.1	20.3	1981—2010
周口	6.3	9.6	14.7	21.7	27.1	31.6	32.1	30.9	27.3	22.2	15.0	8.4	20.6	1981—2010
桐柏	7.1	9.9	14.8	21.9	26.5	29.8	31.3	30.4	26.6	21.8	15.8	9.6	20.5	1982—2010
驻马店	6.4	9.4	14.5	21.5	27.0	31.1	31.8	30.5	26.9	21.9	15.0	8.6	20.4	1981—2010
信阳	6.8	9.6	14.7	21.7	26.4	29.7	31.5	30.5	26.7	21.8	15.6	9.4	20.4	1981—2010
商丘	5.2	8.6	14.1	21.2	26.5	31.2	31.6	30.4	26.8	21.7	14.0	7.3	19.9	1981—2010
永城	5.8	8.9	14.1	21.0	26.7	31.6	31.8	30.7	27.3	22.2	14.7	8.0	20.2	1981—2010
固始	6.7	9.3	14.4	21.4	26.5	29.3	31.5	30.9	27.1	22.0	15.7	9.3	20.3	1981—2010

表 3-8 河南代表站各月及年平均最低气温(℃)

站名	各月平均												年平均	记录年份
	1	2	3	4	5	6	7	8	9	10	11	12		
安阳	−4.8	−1.9	3.3	10.5	15.6	20.5	23.0	21.9	16.9	10.3	2.8	−2.6	9.6	1981—2001
济源	−4.4	−1.7	2.8	8.8	14.1	19.6	22.7	21.4	16.2	10.3	2.9	−2.5	9.2	1981—2010
焦作	−2.7	0.3	5.0	11.5	16.8	21.4	23.7	22.7	17.7	11.7	4.7	−0.7	11.0	1981—2010
新乡	−4.1	−1.2	3.6	10.2	15.7	20.3	23.1	22.1	16.9	10.4	3.1	−2.3	9.8	1981—2010
鹤壁	−4.0	−1.3	3.5	10.8	16.1	20.8	23.1	22.0	17.3	11.2	3.7	−2.0	10.1	1981—2010
濮阳	−5.5	−2.4	2.6	9.1	14.6	19.9	22.8	21.7	16.2	9.6	1.9	−3.5	8.9	1981—2010
三门峡	−3.7	0.0	4.8	10.7	15.7	20.1	22.8	21.5	16.6	10.5	3.4	−2.0	10.0	1992—2010
卢氏	−5.6	−2.7	1.7	7.7	12.4	16.9	20.5	19.4	14.3	8.0	1.3	−4.1	7.5	1981—2010
孟津	−3.8	−0.9	3.6	10.0	15.2	20.0	22.3	21.2	16.5	10.8	3.8	−1.9	9.7	1981—2010
洛阳	−3.6	−1.6	2.8	9.7	15.1	20.0	23.0	21.9	16.7	10.6	3.6	−1.9	9.7	1981—1998
栾川	−4.9	−2.5	1.7	7.4	11.8	16.0	19.4	18.4	13.3	7.8	1.8	−3.2	7.3	1981—2010
郑州	−3.7	−1.0	3.7	10.1	15.6	20.4	23.1	22.0	16.7	10.6	3.6	−1.8	9.9	1981—2010
许昌	−3.5	−1.0	3.5	9.6	15.2	20.3	23.2	22.0	16.8	10.8	3.8	−1.5	9.9	1981—2010

站名	各月平均												年平均	记录年份
	1	2	3	4	5	6	7	8	9	10	11	12		
开封	−3.6	−0.8	3.9	10.3	15.7	20.4	23.3	22.3	17.1	10.9	3.8	−1.7	10.1	1981—2010
西峡	−1.5	0.8	5.0	10.8	15.7	20.2	23.0	22.0	17.5	11.9	5.7	0.4	11.0	1981—2010
平顶山	−2.0	−0.2	4.1	11.0	16.4	21.0	23.7	22.8	17.9	11.7	5.5	−0.3	11.0	1981—2010
南阳	−2.2	0.2	4.5	10.8	16.0	20.8	23.5	22.5	17.7	11.8	5.0	−0.5	10.8	1981—2010
宝丰	−3.9	−1.6	2.9	9.0	14.6	20.0	22.9	21.6	16.4	10.5	3.5	−2.0	9.5	1981—2010
漯河	−2.8	−0.1	4.2	10.3	15.7	21.0	23.7	22.6	17.6	11.8	4.9	−0.7	10.7	1981—2010
西华	−2.9	−0.3	4.0	9.8	15.1	20.1	23.2	22.3	17.0	10.8	4.1	−1.1	10.2	1981—2010
周口	−2.4	0.2	4.6	10.7	16.0	20.9	23.8	22.9	17.6	11.8	5.0	−0.5	10.9	1981—2010
桐柏	−2.1	0.2	4.7	11.2	16.5	20.8	23.8	22.6	17.6	11.6	5.1	−0.3	11.0	1982—2010
驻马店	−2.5	0.0	4.3	10.2	15.7	20.7	23.5	22.4	17.4	11.8	5.2	−0.4	10.7	1981—2010
信阳	−1.1	1.2	5.7	12.0	17.0	21.0	24.1	23.2	18.0	12.4	6.3	1.0	11.7	1981—2010
商丘	−3.6	−0.9	3.5	9.7	15.1	20.1	23.2	22.2	16.8	10.5	3.5	−1.7	9.9	1981—2010
永城	−3.9	−1.5	2.8	8.7	14.4	19.9	23.4	22.5	17.0	10.9	3.7	−2.0	9.7	1981—2010
固始	−0.8	1.5	5.7	11.8	17.2	21.6	24.4	23.6	19.0	13.2	6.4	1.1	12.1	1981—2010

(二)极端最高、最低气温

年极端最高气温是一年中逐日最高气温的最大值,年极端最低气温是一年中逐日最低气温的最小值,历年极端最高气温和最低气温的最大值和最小值,称为"气温极值"。

全省年极端最高气温分布趋势为豫西山区和豫南低,豫西丘陵和中东部地区高。各地年极端最高气温极值都在40 ℃以上,豫北大部、豫西大部和中东部地区都在42 ℃以上,其中伊洛盆地的新安、伊川、汝阳、汝州1966年6月20日曾出现过44 ℃以上的高温天气,是全省的高温极值区,特别是汝州达44.6 ℃,为全省最高。这比起我国著名三大"火炉"之称的南京、重庆、武汉有过之而无不及。所不同的是河南高温天气大多出现在少雨干旱阶段,以干热为主;南京、重庆、武汉等地湿度较大,遇到高温天气就使人感到闷热难受。从各地极端最高气温出现时间来看,大都在6月、7月,豫南信阳高温极值出现在8月(表3-9)。

全省各地极端最低气温为−23.6 ℃(林州)~−13.2 ℃(淅川),大部分地区为−20~−15 ℃,且各地差异较大。豫北林州和豫东永城分别出现过−23.6 ℃和−23.4 ℃的极端最低气温,为全省最低值;南阳盆地的西峡、淅川、内乡、南召由于山脉对北来冷空气的阻挡,极端最低气温为−15~−13 ℃,为全省的最高值;河南省中东部的郑州、许昌、周口、平顶山、驻马店等地,极端最低气温为−20~−18 ℃(表3-9)。

河南各地极端最低气温的出现主要是受强冷空气、寒潮影响的结果,如1955年1月3—11日,强冷空气袭击全省,使周口、南阳、信阳等地和豫西卢氏都出现了当地低温极值;1990年2月1日,强冷空气使焦作、郑州、许昌、驻马店出现了当地低温极值。由于河南省北部的林州和东部的永城,位于冷空气南下的路径上,一旦遇到冷空气入侵,它们首先受到影响,因而降温剧烈,常常会出现全省低温极值。

表 3-9 河南代表站极端最高、最低气温极值(℃)

站名	极端最高气温(℃)	日期(日/月)	年份	日期(日/月)	年份	极端最低气温(℃)	日期(日/月)	年份	日期(日/月)	年份	日期(日/月)	年份
林州	42.7	25/6	2009			−23.6	26/12	1976				
安阳	43.2	25/6	2009			−21.7	12/1	1951				
济源	43.4	22/6	1966			−20.0	12/1	1969				
焦作	43.5	25/6	2009			−17.8	1/2	1990				
新乡	42.7	20/6	1951			−21.3	13/1	1951				
濮阳	42.2	19/7	1966			−20.7	28/12	1971				
三门峡	43.2	21/6	1966			−16.5	16/1	1958				
卢氏	42.1	21/6	1966			−19.1	10/1	1955				
新安	44.0	20/6	1966			−17.1	31/1	1969				
孟津	43.7	20/6	1966			−17.2	31/1	1969				
伊川	44.4	20/6	1966			−21.2	31/1	1969				
汝州	44.6	20/6	1966			−18.2	31/1	1969				
栾川	40.2	20/6	1966			−16.7	28/12	1991				
汝阳	44.0	20/6	1966			−21.0	31/1	1969				
郑州	43.0	19/7	1966			−17.9	1/2	1990	27/12	1971	2/1	1955
许昌	41.9	11/6	1972	19/7	1966	−19.6	1/2	1990				
开封	42.9	19/7	1966			−16.0	27/12	1971				
西峡	42.0	19/7	1966			−14.2	30/1	1977				
南阳	41.4	11/6	1972			−21.2	11/1	1955				
宝丰	43.4	19/7	1966			−19.1	31/1	1969				
漯河	42.3	8/6	2011			−15.9	16/1	1958				
西华	42.9	19/7	1966			−21.0	7/1	1955	3/1	1955		
周口	43.2	19/7	1966			−16.7	18/2	1964				
淅川	42.6	13/7	1962			−13.2	30/1	1977				
桐柏	41.1	23/8	1959			−20.3	31/1	1969				
驻马店	41.9	19/7	1966			−18.1	1/2	1990				
信阳	40.9	23/8	1959			−20.0	9/1	1955				
商丘	43.0	19/7	1966			−18.9	17/1	1957				
永城	41.5	19/7	1966	18/7	1966	−23.4	5/2	1969				
固始	41.5	21/8	1959			−20.9	6/1	1955				

四、气温的变化

(一)气温日较差和年较差

气温日较差是指一日中最高气温与最低气温之差,表示气温日变化大小。一年中最热月和最冷月平均气温之差称为"气温年较差",它表示气温年变化大小。

全省各地平均气温日较差为 8.3(固始)～12.0 ℃(林州、卢氏),其区域分布是南部小北部大。淮河以南地区气温日较差在 9 ℃以下,是全省最小的地区;豫北北部局部和豫西山区气温日较差增大到 11 ℃以上;其余地区为 9～11 ℃。全省月平均气温日较差 2—6 月和 10—11 月较大都在 10 ℃以上,其中每年的 4—5 月河南多晴朗天气,白天获得较强的太阳辐射而增温明显,夜间较长时间的辐射冷却而降温亦显著,故日较差为全年最大,达 11.7 ℃;而 7—8 月河南处于汛期,多降雨天气,日照时数减少,使白天增温不大,较短的夜间冷却降温也不多,所以气温日较差为全年最小(图 3-13)。在气候变暖背景下,河南省气温明显升高,且日最低气温的升高幅度大于日最高气温,使平均气温日较差明显减小,减少速率为 0.2 ℃/10 a(图 3-14)。

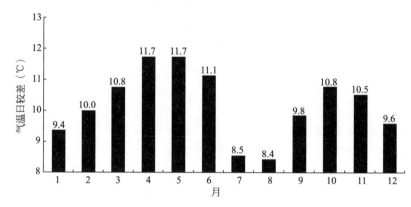

图 3-13　河南省月平均气温日较差变化

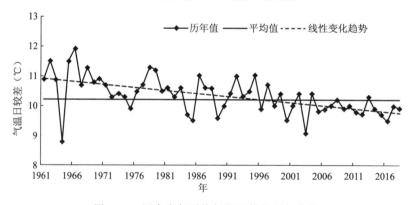

图 3-14　河南省年平均气温日较差历年变化

河南各地气温年较差为 24～29 ℃,由南向北递增(表 3-10)。豫西、豫西南大部和驻马店以南地区气温年较差在 26 ℃以下,其中豫西山区和信阳南部小于 25 ℃;豫北西南部焦作、济源一带、沿黄和郑州至驻马店之间年较差为 26～27 ℃;焦作、商丘以北地区超过 27 ℃,豫北北部的安阳、濮阳气温年较差高达 28 ℃以上。

表 3-10　河南代表站各月平均气温日较差和年较差(℃)

站名	各月平均日较差												年较差
	1	2	3	4	5	6	7	8	9	10	11	12	
安阳	9.1	10.0	10.5	11.3	11.5	11.2	8.8	8.6	10.1	11.0	10.1	9.1	28.0

站名	各月平均日较差												年较差
	1	2	3	4	5	6	7	8	9	10	11	12	
济源	10.8	11.3	12.1	13.2	13.2	12.8	9.2	8.9	10.8	11.6	11.9	11.1	26.8
焦作	8.6	9.2	10.0	11.0	11.0	10.9	8.4	8.1	9.5	10.3	9.8	8.7	26.4
新乡	9.5	10.2	10.9	11.6	11.3	11.2	8.5	8.3	9.7	11.0	10.6	9.5	27.1
濮阳	9.8	10.6	11.4	12.3	12.1	11.7	8.7	8.7	10.6	11.7	11.1	9.8	28.1
三门峡	8.9	9.6	10.7	11.7	11.8	11.5	9.1	8.8	9.4	9.9	9.7	8.7	26.8
卢氏	11.7	11.8	12.8	13.9	13.6	12.8	10.4	10.0	10.7	12.0	12.6	12.0	25.8
孟津	9.1	9.4	10.2	11.6	11.6	11.1	8.6	8.1	9.1	9.8	9.8	9.3	26.0
栾川	11.5	11.3	12.0	13.4	13.0	12.5	10.2	9.8	10.7	11.8	12.4	11.9	24.1
郑州	9.5	10.2	11.0	12.0	11.8	11.4	8.6	8.3	10.0	11.1	10.9	9.7	26.6
许昌	9.5	10.3	11.0	11.9	11.9	11.7	8.6	8.3	10.1	11.1	10.7	9.6	26.3
开封	8.8	9.6	10.5	11.3	11.2	10.9	8.3	8.1	9.5	10.6	10.1	8.9	26.7
西峡	9.4	9.7	10.3	11.4	11.5	10.8	8.5	8.4	9.0	10.0	10.3	9.8	24.2
南阳	8.8	9.7	10.1	10.8	10.9	10.8	7.9	7.9	9.0	10.1	10.1	9.3	25.4
宝丰	10.6	11.2	11.7	12.6	12.6	11.9	8.7	8.6	10.3	11.5	11.5	10.8	26.0
漯河	9.1	9.6	10.3	11.1	11.3	11.1	8.3	8.0	9.5	10.3	10.0	9.2	26.2
西华	8.8	9.6	10.6	11.6	11.3	11.3	8.5	8.3	9.8	11.1	10.5	9.3	26.2
周口	8.7	9.3	10.1	11.0	11.1	10.7	8.4	8.1	9.4	10.4	10.0	8.9	26.2
桐柏	9.3	9.7	10.1	10.7	10.0	9.1	7.5	7.8	9.0	10.2	10.2	9.8	25.3
驻马店	8.8	9.4	10.2	11.3	11.2	10.3	8.3	8.1	9.5	10.1	9.9	9.0	25.8
信阳	7.9	8.4	9.0	9.7	9.5	8.7	7.5	7.6	8.6	9.3	9.4	8.4	24.9
商丘	8.8	9.6	10.6	11.5	11.4	11.1	8.3	8.2	10.0	11.2	10.5	8.9	26.9
永城	9.7	10.4	11.3	12.3	12.3	11.6	8.4	8.2	10.1	11.4	10.9	10.1	27.0
固始	7.5	7.8	8.7	9.6	9.2	7.7	7.1	7.2	8.1	8.8	9.2	8.3	25.2

(二)气温的垂直变化

河南山地面积约占全省的26%,且地形复杂,沟壑纵横,造成山地气候复杂多样,故有"十里不同天"之说。

虽然河南省山区面积大,但气象站点却稀少,高山地区气候资料更是空白。为此,河南省气象局于1980—1981年和1983—1986年分别组织气象科技人员对西峡、栾川境内的伏牛山南北坡和新县境内的大别山北坡,进行系统的气候考察。河南农业大学在省农业区划办公室的支持和组织下,在1983—1987年对修武县境内太行山阳坡的不同高度,进行了全面气候考察,基本摸清了河南省境内主要山脉气温随高度的分布规律。

山地气温随海拔升高而降低,其变化情况用垂直递减率来表示。不同的山体、季节和坡向,其递减率有一定差异,河南主要山脉气温垂直递减率见表3-11。一般来说,山体的气温垂直递减率与其所处的地理位置有关,北部的山体比南部的山体气温垂直递减率大,如纬度偏北的太行山南坡和伏牛山北坡的年平均气温垂直递减率分别为 0.5 ℃/100 m 和 0.54 ℃/100 m,比纬度偏南的伏牛山南坡(0.45 ℃/100 m)和大别山北坡的(0.47 ℃/100 m)要大。这是由于太行山和伏牛山北坡处于暖温带气候区,干燥少雨,气温随高度递减明显;而伏牛山南坡和大别山北坡属北亚热带气候区,湿润多雨,故不同高度温度差异较小。从不同坡向来看,伏牛山北坡的气温垂直递减率大于南坡。若按季节分布看,太行山南坡冬季(12 月—次年 2 月)平均递减率为 0.48 ℃/100 m,夏季(6—8 月)平均递减率为 0.58 ℃/100 m;而伏牛山南坡冬季递减率为 0.44 ℃/100 m,夏季为 0.51 ℃/100 m,这正说明冬季两山递减率差别小,夏季差异大。从另一方面看,平原地区气温随纬度变化是冬季大夏季小,这是众所周知的事实,但是山地气温垂直递减率随时间分布,却是冬季小夏季大。这表明冬季山区气温随高度递减缓慢,上下温差小,夏季山地气温垂直递减率为一年中最大值,气温随高度变化剧烈。

表 3-11　河南主要山脉各月及年气温平均垂直递减率(℃/100 m)

站名	各月平均												年平均
	1	2	3	4	5	6	7	8	9	10	11	12	
太行山南坡	0.48	0.55	0.55	0.52	0.53	0.59	0.57	0.57	0.51	0.38	0.42	0.40	0.51
伏牛山北坡	0.48	0.52	0.55	0.55	0.63	0.62	0.63	0.57	0.60	0.53	0.45	0.44	0.55
伏牛山南坡	0.47	0.53	0.47	0.48	0.42	0.46	0.57	0.50	0.47	0.42	0.32	0.33	0.45
大别山北坡	0.33	0.48	0.45	0.52	0.49	0.50	0.54	0.52	0.41	0.39	0.35	0.38	0.45

五、地温

土壤表面及地中不同深度的温度称为"地温",也称"土壤温度"。土壤温度与植物生长发育有着密切关系,土壤温度既影响土壤肥力,也影响植物根系吸收水分、养分的功能。本文重点讨论 0 cm(地表面)和 5 cm 深地温。

全省各地年平均 0 cm 地温由南向北递减,山区低于平原。豫北北部和豫西西部在 16 ℃以下,其中豫西山区的栾川不足 15 ℃,为全省地面温度低值区;豫南大部、豫东南局部和豫北太行山东南侧的焦作一带在 17 ℃以上,其中南阳盆地西部的淅川达 18.3 ℃,为全省地面温度高值区;其余地区年平均地面温度为 16~17 ℃。各月平均地面温度分布亦是南部高北部低,尤以冬季最明显,1 月信阳地面温度比安阳高 4.5 ℃,而 7 月仅高 0.1 ℃。全省各地地面温度普遍高于气温,其温差以冬季最小,夏季最大;各月中除 12 月份地面温度略低于气温外,其余各月地面温度均比气温偏高,其中 5 月、6 月偏高幅度最大。

全省各地年平均 5 cm 地温为 14.0(渑池)~17.3 ℃(信阳),由南向北递减。许昌以北大部在 16 ℃以下,其中豫北北部和豫西西部在 15 ℃以下;许昌以南大部和焦作、洛阳两市局部在 16 ℃以上,其中南阳盆地西南部和信阳局部在 17 ℃以上。从地面温度与 5 cm 深地温比较来看,3—10 月地面温度均高于 5 cm 地温,而 11 月—次年 1 月则相反,5 cm 地温高于地面温度;2 月两者相差不大。这是由于地面净辐射随季节变化所致,夏半年地面净辐射为正值,地面不断积累热量,成为热源,使地面温度高于 5 cm 深地温;冬半年地面净辐射为负值,造成地面失热最多,而成为热汇,使热量由深层向地表传输,造成地面温度低于 5 cm 地温(表 3-12)。

表 3-12　河南代表站各月及年 0 cm 和 5 cm 平均地温与年较差(℃)

站名		各月平均地温												年平均	年较差
		1	2	3	4	5	6	7	8	9	10	11	12		
安阳	0 cm	−1.4	3.1	9.7	19.2	25.5	30.2	30.8	29.5	23.9	16.1	6.8	0.4	16.2	32.2
	5 cm	−0.5	3.2	9.2	17.5	23.5	28.1	29.2	28.2	23.2	16.1	7.6	1.2	15.5	29.7
济源	0 cm	0.5	4.3	10.3	19.2	25.2	29.9	30.8	29.2	23.7	16.7	8.4	2.1	16.7	30.3
	5 cm	1.0	4.2	9.3	17.1	23.0	27.3	29.1	28.0	22.9	16.3	8.8	2.7	15.8	28.1
焦作	0 cm	0.7	4.7	11.0	19.9	26.1	30.5	31.0	29.6	24.4	17.1	8.6	2.4	17.2	30.3
	5 cm	1.3	4.6	9.9	17.5	23.4	27.9	29.2	28.3	23.4	16.8	9.2	3.3	16.2	27.9
新乡	0 cm	−0.2	3.9	10.1	18.8	25.1	29.8	30.3	29.2	23.7	16.3	7.7	1.4	16.3	30.5
	5 cm	0.7	4.1	9.5	17.1	23.1	27.6	28.9	28.1	23.2	16.4	8.6	2.5	15.8	28.2
鹤壁	0 cm	−0.8	3.4	9.5	19.2	25.7	30.8	31.0	29.0	23.9	16.7	7.6	0.9	16.4	31.8
	5 cm	0.1	3.3	8.5	16.9	23.2	28.1	29.2	27.8	23.0	16.5	8.4	2.1	15.6	29.1
濮阳	0 cm	−1.1	2.8	9.2	17.7	23.8	28.5	29.5	28.0	22.9	15.7	7.0	0.7	15.4	30.6
	5 cm	−0.6	2.5	8.4	16.2	22.2	26.8	28.3	27.3	22.3	15.5	7.5	1.4	14.8	28.9
三门峡	0 cm	−0.4	4.3	10.7	18.5	24.2	28.6	30.0	28.2	22.6	15.1	7.0	0.9	15.5	30.4
	5 cm	−0.1	3.8	9.7	16.8	22.2	26.5	28.3	27.0	21.9	15.0	7.6	1.5	15.0	28.4
卢氏	0 cm	0.0	3.7	9.4	17.5	23.2	27.4	29.5	27.8	22.2	15.1	7.4	1.2	15.4	29.5
	5 cm	0.7	3.9	8.8	16.1	21.6	25.6	28.0	26.9	21.9	15.3	8.2	2.3	14.9	27.3
孟津	0 cm	0.0	3.8	9.7	18.6	24.6	29.1	29.9	28.4	23.0	16.1	8.0	1.6	16.1	29.9
	5 cm	0.8	4.0	9.1	16.9	22.6	26.9	28.4	27.3	22.4	16.0	8.6	2.6	15.5	27.6
洛阳	0 cm	0.8	4.1	9.6	19.1	25.0	29.7	31.2	29.5	23.9	16.6	8.4	2.3	16.7	30.4
	5 cm	1.4	4.2	9.0	17.2	23.0	27.3	29.3	28.3	23.2	16.6	9.0	3.2	16.0	27.9
栾川	0 cm	0.3	3.7	8.7	16.5	21.8	25.9	27.4	26.3	21.0	14.6	7.5	1.8	14.6	27.1
	5 cm	1.2	3.9	8.3	15.3	20.5	24.3	26.3	25.6	20.7	14.8	8.2	2.8	14.3	25.1
郑州	0 cm	0.3	4.0	10.0	18.6	24.6	29.5	30.0	28.2	23.1	16.2	8.2	2.0	16.2	29.7
	5 cm	1.1	4.2	9.4	17.0	22.7	27.3	28.7	27.3	22.5	16.1	8.8	3.7	15.7	27.6
许昌	0 cm	1.0	4.4	10.1	18.4	24.4	29.3	30.3	28.9	23.7	16.8	8.7	2.6	16.6	29.3
	5 cm	1.6	4.7	9.6	17.1	22.7	27.4	29.0	28.1	23.2	16.8	9.4	3.5	16.1	27.4
开封	0 cm	0.4	4.1	10.0	18.4	24.4	29.4	30.1	28.5	23.1	16.3	8.2	2.0	16.2	29.7
	5 cm	1.0	4.2	9.4	16.8	22.4	27.1	28.7	27.6	22.7	16.3	8.9	2.9	15.7	27.7
西峡	0 cm	2.9	6.2	11.4	19.0	24.7	29.0	30.4	28.9	24.0	17.6	10.5	4.5	17.4	27.5
	5 cm	3.7	6.3	10.9	17.7	23.0	27.0	28.9	28.1	23.6	17.7	11.2	5.5	17.0	25.2
南阳	0 cm	2.2	5.4	10.6	18.5	24.3	28.8	30.1	29.0	24.2	17.6	9.9	3.8	17.0	27.9
	5 cm	2.7	5.5	10.2	17.3	22.7	27.0	28.8	28.1	23.6	17.5	10.4	4.6	16.5	26.1
宝丰	0 cm	1.3	4.6	10.3	18.5	24.4	29.4	30.1	29.0	23.8	16.9	9.1	3.0	16.7	28.8
	5 cm	2.1	4.9	9.7	17.1	22.7	27.3	28.9	28.0	23.3	16.9	9.7	3.9	16.2	26.8
漯河	0 cm	1.1	4.7	10.4	18.6	24.7	29.7	30.9	29.4	24.1	17.4	9.3	3.0	16.9	29.8
	5 cm	2.0	4.9	9.7	17.1	22.8	27.4	29.3	28.3	23.5	17.2	9.8	4.0	16.3	27.3

站名		各月平均地温												年平均	年较差
		1	2	3	4	5	6	7	8	9	10	11	12		
西华	0 cm	1.0	4.4	10.1	18.3	24.4	28.9	30.4	28.7	23.4	16.6	8.6	2.6	16.5	29.4
	5 cm	1.7	4.7	9.8	17.1	22.7	27.1	29.1	27.9	23.0	16.6	9.3	3.5	16.0	27.4
周口	0 cm	1.3	4.8	10.6	18.8	25.1	29.7	30.8	29.2	24.1	17.3	9.0	2.8	17.0	29.5
	5 cm	1.7	4.6	9.5	17.1	23.0	27.4	29.3	28.2	23.3	16.8	9.1	3.4	16.1	27.6
淅川	0 cm	3.0	6.3	12.0	20.1	26.1	30.3	32.0	30.7	25.3	18.3	11.0	4.4	18.3	29.0
	5 cm	3.5	6.0	10.8	17.9	23.3	27.4	29.6	28.8	24.1	17.8	11.1	5.2	17.1	26.1
桐柏	0 cm	2.8	5.6	10.7	18.7	24.1	28.6	30.4	29.4	24.2	17.9	10.8	4.7	17.0	27.5
	5 cm	3.5	5.6	10.1	17.2	22.5	26.8	28.8	28.2	23.6	17.7	11.1	5.5	16.7	25.3
驻马店	0 cm	2.1	5.1	10.4	18.4	24.2	28.7	30.3	29.3	24.1	17.7	10.1	3.9	17.0	28.2
	5 cm	2.7	5.3	10.0	17.2	22.6	27.0	29.1	28.4	23.7	17.7	10.6	4.7	16.6	26.4
信阳	0 cm	3.1	5.9	11.2	18.8	24.4	28.9	30.9	29.8	24.8	18.3	11.2	5.2	17.7	27.8
	5 cm	4.3	6.3	10.6	17.4	22.7	26.9	29.3	28.6	24.2	18.4	11.9	6.4	17.3	25.0
商丘	0 cm	0.3	3.8	9.8	18.0	24.3	29.0	30.4	29.0	23.8	16.7	8.1	1.9	16.3	30.1
	5 cm	0.7	3.9	9.2	16.5	22.3	26.7	28.6	27.8	23.0	16.5	8.7	2.6	15.6	27.9
永城	0 cm	0.9	4.3	9.8	18.1	24.5	28.9	30.3	29.6	24.5	17.5	9.3	2.7	16.7	29.4
	5 cm	1.7	4.3	8.9	16.3	22.4	26.7	28.8	28.5	23.7	17.3	9.7	3.6	16.0	27.1
固始	0 cm	2.9	5.7	10.8	18.4	24.5	28.5	31.1	30.4	25.3	18.6	11.0	4.9	17.7	28.2
	5 cm	3.5	5.8	10.3	17.3	22.9	26.9	29.5	29.2	24.6	18.4	11.3	5.5	17.1	26.0

六、霜期和无霜期

当地面和地物表面由于辐射冷却而使贴地气层温度下降到露点温度以下时,近地气层中水汽就会发生凝结。如果露点在 0 ℃以下,则在地物表面凝结成一层白色的冰晶,这就是人们常见的霜。每年秋季第一次出现霜,称为"初霜"或"早霜";每年春季最后一次出现霜,称为"终霜"或"晚霜";终霜至初霜之间的日数称为"无霜期"。

河南各地平均初霜期的分布一般是北部早于南部。黄河以北地区、豫西山区和豫东偏北地区初霜出现在 10 月下旬,其中豫北北部的安阳、林州等地和豫西山区的栾川出现在 10 月 23—24 日,而最早初霜栾川出现在 9 月 18 日;豫西南和豫南局部出现在 11 月中旬前期,其中南阳盆地西南部的西峡初霜出现最晚,在 11 月 15 日;其余地区平均初霜出现在 11 月上旬(表 3-13)。

表 3-13 河南代表站平均初终霜日和无霜期

站名	初霜日(日/月)		终霜日(日/月)		平均无霜期(d)
	平均	最早	平均	最晚	
林州	24/10	3/10	6/4	26/4	200
安阳	24/10	4/10	28/3	26/4	209
济源	29/10	2/10	31/3	1/5	211

站名	初霜日(日/月)		终霜日(日/月)		平均无霜期(d)
	平均	最早	平均	最晚	
焦作	2/11	16/10	15/3	3/4	231
新乡	26/10	3/10	2/4	25/4	206
濮阳	26/10	8/10	30/3	24/4	210
三门峡	29/10	3/10	24/3	1/5	217
卢氏	25/10	25/9	10/4	15/5	197
孟津	5/11	9/10	20/3	24/4	229
栾川	23/10	18/9	8/4	8/5	197
郑州	27/10	3/10	28/3	25/4	212
许昌	1/11	13/10	25/3	19/4	220
开封	2/11	11/10	21/3	20/4	225
西峡	15/11	22/10	15/3	8/4	245
南阳	6/11	14/10	19/3	8/4	231
宝丰	4/11	14/10	27/3	24/4	220
漯河	4/11	3/10	20/3	17/4	228
西华	31/10	9/10	26/3	21/4	218
周口	2/11	14/10	21/3	17/4	226
桐柏	6/11	14/10	16/3	17/4	234
驻马店	7/11	14/10	19/3	24/4	232
信阳	11/11	11/10	14/3	19/4	242
商丘	27/10	8/10	2/4	26/4	208
永城	31/10	11/10	1/4	25/4	212
固始	7/11	14/10	20/3	17/4	231

全省各地平均终霜期的分布为南部早于北部。豫北北部安阳、新乡等地,豫西山区卢氏、栾川和豫东商丘一带出现较晚,平均在4月上旬,其中豫西山区的卢氏终霜出现最晚,为4月10日;南阳盆地西南部、豫南大部和焦作、郑州、洛阳三市局部终霜期出现较早,平均在3月中旬;其余大部分地区平均终霜期在3月下旬。特别值得一提的是太行山东南麓的焦作,因地形作用阻碍了北来冷空气入侵,使得终霜较周边县市提早15～20 d,即平均终霜期在3月中旬,是全省终霜期较早的地区之一。各地最晚终霜期大部出现在4月中下旬,其中豫西山地的卢氏最晚可延迟到5月中旬,而太行山东南麓的焦作最晚终霜日在4月3日,为全省终霜结束最早的地区。终霜对作物危害较大,终霜越晚,危害越严重。

因为初终霜期是有效热量积累的界限,无霜期也往往表示一地的生长季节。河南各地无霜期多在200～250 d,豫北大部、豫西西部和豫东大部在220 d以下,其中豫西深山区的卢氏、栾川最少只有197 d;南阳盆地和豫南大部无霜期在230 d以上,其中新县最多达246 d;其余地区为220～230 d。同样值得注意的是太行山东南麓的焦作,由于终霜结束早,故无霜期长达231 d,比周围县市长15 d左右,对发展该地农业生产极为有利。

1961—2018年,全省平均初霜期呈显著的推迟趋势,平均每10年推迟2.2 d;平均终霜期呈显著的提前趋势,平均每10年提前2.3 d;全省平均无霜期呈显著的增加趋势,平均每10年增加4.8 d。1996年以来,全省无霜期明显偏多,对农业生产较为有利。

第四节 水分

水分是重要的自然资源,包括大气降水、河流湖泊和地下水等,其中大气降水是最基本的要素,此外还包括空气湿度、蒸发量等。河南降水主要受东亚季风影响,加之境内地形复杂,使全省降水具有年际变化大、季节分配不均、地区差异显著等特点。

一、降水量

(一)空间分布

河南省年平均降水量自南向北递减,各地年平均降水量为540~1294 mm,800 mm等雨量线呈东西向大致位于栾川、鲁山、漯河、项城一线,此线以南大部降水量在800 mm以上,其中淮河以南地区年降水量超过1000 mm,大别山区可达1200~1300 mm;南阳盆地西南部年降水量为700~800 mm;淮北平原年降水量为800~900 mm。此线以北地区年降水量在800 mm以下,向北递减至600 mm以下(图3-15、表3-14)。

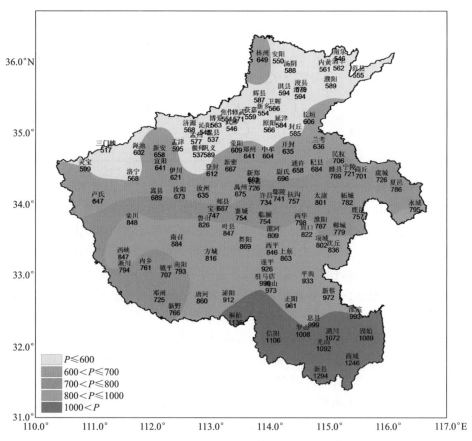

图3-15　1981—2010年河南省年平均降水量(P)空间分布(单位:mm)

表 3-14 河南代表站各月平均与年总降水量(mm)

| 站名 | 各月平均 | | | | | | | | | | | | 年总量 | 记录年份 |
	1	2	3	4	5	6	7	8	9	10	11	12		
林州	4.7	8.7	18.0	26.7	54.8	66.3	176.6	171.6	72.1	30.6	14.5	4.3	648.9	1981—2010
安阳	6.2	7.2	19.3	20.8	43.5	64.3	167.3	126.1	43.3	32.3	14.9	4.7	549.9	1981—2001
济源	8.0	13.2	24.0	23.4	58.0	59.6	137.9	105.1	75.2	37.6	18.8	7.1	567.9	1981—2010
焦作	7.5	11.0	23.3	23.2	50.8	64.5	138.7	110.9	61.6	33.3	19.4	7.2	551.4	1981—2010
新乡	4.8	7.3	19.5	25.4	50.7	61.9	151.7	122.1	59.1	30.9	15.4	5.2	554.0	1981—2010
濮阳	5.6	8.4	21.4	24.4	56.9	68.1	167.5	121.8	60.9	32.2	16.5	5.7	589.4	1981—2010
三门峡	4.2	8.3	15.5	34.2	57.5	63.2	106.7	77.7	73.3	52.0	20.5	3.5	516.6	1992—2010
卢氏	6.1	11.3	26.0	37.8	63.9	76.3	139.1	109.4	91.2	57.3	21.9	6.6	646.9	1981—2010
孟津	8.2	13.4	26.3	30.9	58.5	63.5	140.2	98.2	85.3	42.2	20.2	7.8	594.7	1981—2010
栾川	9.7	15.2	36.3	55.6	90.6	107.0	184.2	141.8	107.3	64.8	27.0	8.7	848.2	1981—2010
郑州	9.6	12.8	27.2	30.6	63.7	66.5	147.7	137.1	76.1	38.3	21.8	9.4	640.8	1981—2010
许昌	11.1	13.9	31.6	35.5	76.9	88.3	183.7	134.9	75.5	42.9	26.9	12.4	733.5	1981—2010
开封	8.4	11.0	26.7	32.1	56.9	68.5	168.8	131.5	68.9	32.2	20.3	9.6	634.9	1981—2010
西峡	14.8	17.5	41.2	50.8	80.3	96.0	184.8	157.2	98.4	62.2	29.8	13.6	846.6	1981—2010
宝丰	12.1	17.3	36.4	35.5	82.9	176.1	137.1	83.0	46.6	26.9	12.6	747.3	1981—2010
漯河	15.6	18.9	37.7	39.0	77.7	90.2	205.8	150.5	74.7	51.1	31.7	15.8	808.7	1981—2010
西华	15.7	18.3	34.6	37.1	72.3	89.8	220.1	138.2	79.9	47.0	29.0	16.0	798.0	1981—2010
周口	16.9	20.8	38.9	35.1	73.8	103.9	220.3	132.0	83.0	50.7	30.1	16.3	821.8	1981—2010
桐柏	28.4	38.7	58.2	65.6	115.0	182.0	228.4	177.4	104.1	73.7	41.4	23.3	1136.2	1982—2010
驻马店	21.8	25.7	49.6	51.4	91.5	125.4	232.0	174.7	100.0	62.9	36.3	19.1	990.4	1981—2010
信阳	29.9	42.9	69.1	76.9	116.8	142.2	219.3	174.2	88.7	75.2	47.3	23.6	1106.1	1981—2010
新县	38.7	54.1	79.8	101.9	134.5	178.0	280.7	174.2	88.3	81.5	55.2	27.2	1294.1	1981—2010
商丘	14.2	16.9	29.3	33.2	65.3	84.0	169.6	144.4	69.6	37.0	24.1	13.1	700.7	1981—2010
永城	17.4	21.1	37.8	35.0	76.8	96.9	218.2	135.7	69.0	45.9	26.6	14.5	794.9	1981—2010
固始	36.0	45.5	78.8	74.0	97.5	158.5	230.5	137.2	78.0	71.0	55.7	25.8	1088.6	1981—2010

受地理位置和地形的影响,河南省有几个少雨区和多雨区。少雨区包括豫北大部及豫西的三门峡、洛阳、偃师、洛宁等地,年降水量不足 600 mm;此外,南阳盆地西南部的南阳、内乡、邓州等地年降水量在 800 mm 以下,比周围邻近地区偏少。河南省多雨区主要分布在豫北太行山东麓的林州,年降水量达 650 mm;豫东永城一隅,年降水量接近 800 mm;豫西伏牛山、外方山一带的栾川、西峡、南召等地的年降水量>840 mm,比周围邻近地区偏多;淮南大别山区的商城、新县一带年降水量在 1200 mm 以上,为全省降水最多地区。

(二)年内变化

河南各地降水随季节变化十分显著,降水量的多少大致与夏季风的进退相一致。各地年降水量的 47%～65%集中在夏季,而冬季降水则不足年降水量的 10%。这种降水的季节变化特点表明河南属典型的大陆性季风气候。其中豫北安阳、濮阳、新乡东部夏雨比例最大,占年降水量的60%以上;豫西三门峡、南阳盆地西南部和淮南信阳地区夏季降水量占全年的50%以下;其余地区夏季雨量占全年的50%～60%。冬季干旱少雨雪也是河南的气候特点,除豫南大部和豫东南降水较多,占年降水量的5%～10%外;其余地区冬季降水均不足年降水量的6%。春季是作物开始生长发育季节,但河南省大部分地区春季少雨,除豫西大部和豫南大部春雨较多,占年降水量的20%～25%外,其他地区均在20%以下,故河南大部分地区有"春雨贵如油"之说。秋季降水占年降水量的16%～28%,豫西三门峡、洛阳西部秋雨比例超过25%,而豫北大部、豫东大部和豫南大部秋雨比例不足20%。从春秋两季降水比较来看,除淮南和南阳盆地大部秋季降水量少于春季外,其他地区秋季降水量均多于春季,尤其豫西三门峡秋雨所占比例高达28%。年内各月平均降水量呈典型的单峰型分布特征,1—7月降水量逐月增加,8—12月逐月减少,以7月降水最多为176.7 mm,12月最少为12.2 mm,两者相差14倍(图3-16、表3-15)。

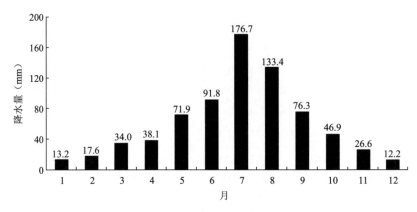

图3-16　河南省各月平均降水量变化

表3-15　河南代表站各季降水量及占年降水量的比例

站名	春季(3—5月)		夏季(6—8月)		秋季(9—11月)		冬季(12月—次年2月)		年平均降水量(mm)
	降水量(mm)	百分比(%)	降水量(mm)	百分比(%)	降水量(mm)	百分比(%)	降水量(mm)	百分比(%)	
林州	99.5	15	414.5	64	117.2	18	17.7	3	648.9
安阳	83.6	15	357.7	65	90.5	16	18.1	3	549.9
济源	105.4	19	302.6	53	131.6	23	28.3	5	567.9
焦作	97.3	18	314.1	57	114.3	21	25.7	5	551.4
新乡	95.6	17	335.7	61	105.4	19	17.3	3	554.0
濮阳	102.7	17	357.4	61	109.6	19	19.7	3	589.4
三门峡	107.2	21	247.6	48	145.8	28	16.0	3	516.6
卢氏	127.7	20	324.8	50	170.4	26	24.0	4	646.9
孟津	115.7	19	301.9	51	147.7	25	29.4	5	594.7
栾川	182.5	22	433.0	51	199.1	23	33.6	4	848.2
郑州	121.5	19	351.3	55	136.2	21	31.8	5	640.8

站名	春季(3—5月)		夏季(6—8月)		秋季(9—11月)		冬季(12月—次年2月)		年平均降水量(mm)
	降水量(mm)	百分比(%)	降水量(mm)	百分比(%)	降水量(mm)	百分比(%)	降水量(mm)	百分比(%)	
许昌	144.0	20	406.9	55	145.2	20	37.4	5	733.5
开封	115.7	18	368.8	58	121.4	19	29.0	5	634.9
西峡	172.3	20	438.0	52	190.4	22	45.9	5	846.6
宝丰	152.3	20	396.5	53	156.5	21	42.0	6	747.3
漯河	154.4	19	446.5	55	157.5	19	50.3	6	808.7
西华	144.0	18	448.1	56	155.9	20	50.0	6	798.0
周口	147.8	18	456.2	56	163.8	20	54.0	7	821.8
桐柏	238.8	21	587.8	52	219.2	19	90.4	8	1136.2
驻马店	192.5	19	532.1	54	199.2	20	66.6	7	990.4
信阳	262.8	24	535.7	48	211.2	19	96.4	9	1106.1
新县	316.2	24	632.9	49	225.0	17	120.0	9	1294.1
商丘	127.8	18	398.0	57	130.7	19	44.2	6	700.7
永城	149.6	19	450.8	57	141.5	18	53.0	7	794.9
固始	250.3	23	526.3	48	204.7	19	107.3	10	1088.6

河南降水的四季变化特点主要受季风环流的影响。冬季由于受来自西伯利亚、蒙古一带干冷的大陆性气团的控制,全省寒冷干燥;夏季受来自西太平洋上的强盛夏季风控制,高温高湿雨水充沛。这种"雨热同季"的农业气候条件,为河南农业生产提供了优越的气候资源。

(三)降水变化

(1)降水量的年际变化

河南各地降水量的变化幅度很大,无论是豫北安阳、还是淮南信阳均属如此,接近常年降水量的年份并不多。我们用降水量的相对变率和保证率来描述一地降水的年际变化情况。

① 年降水量的相对变率

相对变率是指历年降水量与多年平均降水量差值的平均值与多年平均降水量的百分比,可用来表示一地降水量的变化程度。降水变率越大,表明该地历年降水越不稳定;降水变率越小,说明降水年际之间越稳定。一般而言,降水年际变化>25%,当地农作物易遭受旱涝灾害。

河南年平均降水相对变率为20%,各地年降水相对变率为14%～28%(表3-16),其区域分布是东部大于西部。豫北北部和东部的安阳、濮阳、新乡东部和豫南驻马店等地降水相对变率在22%以上,其中驻马店最大,达28%;豫北西部太行山区、豫西伏牛山区、南阳盆地和豫南大别山区降水相对变率在20%以下,如西峡最小,只有14%,表明山地降水比较均匀。和全国其他地区相比,河南年降水变率比西北内陆地区偏小,但比东南沿海各省大得多,说明河南降水的稳定程度比西北内陆要好,比东南沿海各省要差。

表 3-16　河南代表站年降水相对变率与极值

站名	相对变率(%)	平均年降水量(mm)	最大值(出现年份)(mm)	最小值(出现年份)(mm)	降水极差(mm)
安阳	23	549.9	1180.0(1963)	270.6(1965)	909.4
济源	21	567.9	1011.6(1964)	329.5(1997)	682.1
焦作	20	551.4	906.4(1964)	260.3(1981)	646.1
新乡	21	554.0	1168.1(1963)	241.8(1997)	926.3
鹤壁	25	592.5	1392.5(1963)	266.4(1965)	1126.1
濮阳	25	589.4	1064.7(1963)	263.3(1966)	801.4
三门峡	19	516.6	899.4(2003)	332.6(2001)	566.8
卢氏	17	646.9	1010.9(1958)	390.3(2012)	620.6
孟津	20	594.7	1041.9(2003)	267.9(1997)	774.0
洛阳	19	580.5	1047.3(1964)	304.7(1997)	742.6
栾川	15	848.2	1386.1(1964)	434.6(2013)	951.5
郑州	19	640.8	1040.7(1964)	353.2(2013)	687.5
许昌	19	733.5	1129.0(1964)	412.4(1961)	716.6
开封	21	634.9	999.8(1992)	310.0(1966)	689.8
西峡	14	846.6	1463.7(1964)	556.6(1966)	907.1
平顶山	26	673.5	1323.4(1964)	373.6(1966)	949.8
南阳	19	793.4	1356.3(2000)	484.0(1992)	872.3
宝丰	18	747.3	1250.0(1964)	424.4(1966)	825.6
漯河	21	808.7	1455.6(1984)	377.1(1978)	1078.5
西华	17	798.0	1262.6(1984)	360.0(1966)	902.6
周口	20	821.8	1347.2(1984)	454.5(1959)	892.7
桐柏	21	1136.2	1940.5(1989)	628.6(1966)	1311.9
驻马店	28	990.4	1791.6(1982)	406.5(1966)	1385.1
信阳	19	1106.1	1653.1(1956)	494.3(2001)	1159.2
商丘	20	700.7	1246.0(2003)	321.9(1966)	924.1
永城	19	794.9	1516.2(1963)	543.7(2011)	972.5
固始	20	1088.6	1798.3(1954)	543.3(1978)	1255.0

以历年最大年降水量与最小年降水量之差,即"降水极差",表示该地年降水量的年际变化幅度。就全省平均而言,最大年降水量是 2003 年,为 1062 mm,最小年降水量为 1966 年,为 455 mm,降水极差为 607 mm,占全省平均年降水量的 82%。各地降水极差大都超过年平均降水量,黄河以北地区降水极差较大,为年平均降水量的 110%~190%;中西部交界一带的洛阳、平顶山、南阳东北部和商丘东部、驻马店等地,降水极差也较大,为年平均降水量的 120%~150%;其他地区降水极差与平均年降水量相当,而豫西卢氏、嵩县、中东部许昌、通许和淮南信阳部分地区降水极差较小,为平均年降水量的 90% 左右。

② 降水保证率

降水保证率是指大于某一降水量的累积频率(%),它表示超过某一界限降水量出现的可靠程度,在农业生产上常以 80%的保证率作为作物生长的必要条件。

河南各地降水保证率分布见表 3-17,保证率为 100%的降水量为:黄河以南大部＞300 mm,许昌以南大部＞400 mm,信阳大部＞500 mm。90%保证率降水量分布为:豫北西部和黄河以南＞400 mm,许昌以南＞500 mm,豫西山区栾川、南阳盆地西部西峡、淅川、豫东永城和驻马店以南＞600 mm,信阳大部＞700 mm。全省 80%保证率下的降水量均＞400 mm,郑州以南＞500 mm,平顶山以南＞600 mm,驻马店以南＞700 mm,信阳市＞800 mm。

表 3-17　河南代表站不同级别年降水量的保证率(%)

站名	年降水量(mm)												记录年份
	(300~400]	(400~500]	(500~600]	(600~700]	(700~800]	(800~900]	(900~1000]	(1000~1100]	(1100~1200]	(1200~1300]	(1300~1400]	＞1400	
安阳	97	87	68	40	19	10	4	1	1	0	0	0	1951—2018
济源	100	90	76	58	20	7	3	2	0	0	0	0	1960—2018
焦作	97	91	71	40	16	9	2	0	0	0	0	0	1961—2018
新乡	99	88	63	43	16	9	3	1	1	0	0	0	1951—2018
鹤壁	96	91	80	59	37	11	2	2	2	2	2	0	1960—2018
濮阳	97	89	71	43	28	12	6	2	0	0	0	0	1954—2018
三门峡	100	92	66	32	15	5	0	0	0	0	0	0	1957—2018
卢氏	100	98	82	61	29	12	8	2	0	0	0	0	1953—2018
孟津	98	95	81	58	29	7	3	3	0	0	0	0	1960—2018
洛阳	100	94	75	44	23	6	2	2	0	0	0	0	1951—1998
栾川	100	100	98	95	77	52	31	16	10	3	3	0	1957—2018
郑州	100	96	78	60	31	15	4	1	0	0	0	0	1951—2018
许昌	100	100	85	76	56	30	15	5	2	0	0	0	1953—2018
开封	100	93	76	50	29	13	7	0	0	0	0	0	1951—2018
平顶山	100	98	90	76	51	27	10	10	5	2	2	0	1954—2018
南阳	100	100	97	86	68	38	23	15	8	5	2	0	1953—2018
宝丰	100	100	90	79	53	35	16	6	5	3	0	0	1957—2018
漯河	100	97	94	87	65	41	30	16	8	3	3	2	1956—2018
西华	100	98	94	85	68	35	20	9	5	2	0	0	1954—2018
周口	100	100	92	85	73	44	24	14	8	3	2	0	1959—2018
桐柏	100	100	100	100	95	90	80	64	44	36	25	18	1958—2018
驻马店	100	100	97	90	82	69	54	46	33	18	11	5	1958—2018
信阳	100	100	99	99	97	91	81	56	44	37	25	13	1951—2018
商丘	100	98	89	77	51	28	12	6	5	2	0	0	1954—2018
固始	100	100	100	97	89	83	71	59	48	29	23	11	1953—2018

③ 日最大降水量

河南日最大降水量各地差别很大,大部分地区为100~300 mm(表3-18)。豫北太行山东侧的辉县、新乡、延津一带,豫西伏牛山东侧的鲁山、南召一带,豫东商丘大部和淮北平原颍河、洪河中下游两岸日最大降水量超过300 mm;日最大降水量的极大值出现在1975年8月,"7503"号台风造成的特大暴雨,其强度之大,为国内少有。在1975年8月驻马店特大暴雨过程中,8月7日上蔡日降水量达755.1 mm,泌阳县林庄日最大降水量达1005.4 mm,该县境内1 h最大降水量达189.5 mm,这次降水过程无论是短时段还是长时段降雨量均创我国大陆上最高纪录。降水强度较小的地区为豫北焦作、济源一带,豫西山区丘陵,南阳盆地西部的淅川、内乡一带和许昌、兰考一带,日最大降水量不超过200 mm。

表3-18 河南代表站日最大降水量

站名	日最大降水量(mm)	日期(日/月)	年份
安阳	249.2	12/7	1994
济源	137.5	9/7	2012
焦作	168.3	14/7	2000
辉县	439.9	9/7	2016
新乡	414.0	9/7	2016
鹤壁	249.5	8/8	1963
濮阳	276.9	28/7	1960
三门峡	115.8	1/9	1972
孟津	134.9	21/7	2001
洛阳	141.5	4/8	1998
伊川	154.4	1/8	1982
栾川	159.2	24/7	2010
郑州	189.4	2/7	1978
许昌	177.2	29/6	1971
开封	217.8	11/8	1992
西峡	217.0	24/7	2010
平顶山	234.4	30/6	1958
南阳	212.9	7/7	1957
宝丰	288.8	6/7	1957
漯河	279.6	9/7	1965
西平	636.4	7/8	1975
西华	225.4	17/8	1970
上蔡	755.1	7/8	1975
周口	216.0	24/7	1988
汝南	446.6	7/8	1975
桐柏	353.1	7/6	1989
驻马店	420.4	13/8	1982

站名	日最大降水量(mm)	日期(日/月)	年份
平舆	586.9	7/8	1975
信阳	276.2	10/7	2005
商丘	363.6	18/8	2018
永城	239.7	17/7	1997
固始	206.9	13/7	1968

(2)降水垂直变化

河南地形西高东低,北、西、南三面分别为太行山、伏牛山、桐柏山、大别山环抱,导致山区降水具有区域差异明显、垂直变化大的特点。高大山脉对运行的气流有阻滞和抬升作用,在不同坡向、不同海拔、不同季节的降水分布是截然不同的。一般来说,山地降水量多于平原和丘陵,而且有随高度增加而增多的特点。

河南主要山脉降水随高度的分布见表3-19,北部太行山南坡降水随高度的递增率比其他两大山系要小,这是由于河南北部修武县境内太行山不太陡峭之故。海拔 500 m 以下降水量随高度递增率为 24 mm/100 m,500 m 以上递增率约减少为 13.8 mm/100 m,越接近山顶,降水随高程变化越小。海拔 1000 m 处的年降水量为 746.1 mm,为山麓焦作(海拔 112 m)年平均降水量的 129%。

表 3-19　河南主要山脉不同高度年降水量(mm)

山脉	高度(m)							
	300	500	800	1000	1300	1400	1500	1800
太行山南坡	626.9	671.6	729.0	746.1				
伏牛山北坡	610.6	742.3	956.0	1039.6	1076.6	1065.3	1042.3	902.6
伏牛山南坡	880.3	861.8	972.5	1021.4	1057.1	1059.0	1056.0	1016.7
大别山北坡	1457.0	1402.9	1390.8	1534.1				

伏牛山是河南境内主要山脉,宏伟挺拔,山峦重叠,山地海拔高度为500~2000 m,由西向东呈扇形展开。根据调查及理论推算,伏牛山北坡年降水量随高度变化曲线呈抛物线形,即海拔 300~1300 m 降水量随高度上升而增加,递增率为 46.6 mm/100 m,其中海拔 1000 m 以下递增率较大,为 61.3 mm/100 m;海拔 1300 m 以上降水量反而随高度增加而递减,递减率为 34.8 mm/100 m。伏牛山南坡年降水量随高度的分布与北坡明显不同,呈现反"S"形的分布,即下层海拔 300~500 m 降水量随高度增加而减少,递减率为 10.0 mm/100 m;500~1400 m 降水转为随高度递增,递增率为 21.9 mm/100 m;1400 m 以上又转为递减,递减率为 10.6 mm/100 m。由表 3-19 可知,伏牛山南北坡均有一个降水量最大高度,大致在海拔 1300~1400 m,北坡降水递减率比南坡大,表明北坡降水随高度变化剧烈。

大别山区处于我国东部亚热带山系中,位于河南省最南端,与湖北、安徽接壤,呈西北—东南走向,海拔1000 m 左右。大别山区是河南省降水最丰富地区,各高度年降水量均在1300 mm

以上,海拔高度在 300 m 以下,年降水量随高度的升高逐渐增加,递增率为 40.4 mm/100 m;海拔 300~800 m 降水随高度的变化不明显,大致呈递减趋势,递减率为 13.2 mm/100 m;海拔 800 m 以上降水量明显增多,递增率达 71.6 mm/100 m。可见,大别山区北坡 300 m 以下和 800 m 以上降水随高度增加较明显,而 300~800 m 降水随高度增加略有减少。

二、相对湿度

相对湿度是表示空气中水汽含量多少或湿润程度的物理量。河南省年平均相对湿度为 70%,由西北向东南递增。各地年平均相对湿度为 60%(登封)~78%(光山)。相对湿度 70% 的等值线呈东北—西南向,位于兰考—长葛—鲁山—西峡一线,此线西北侧大部分地区年平均相对湿度在 70% 以下,其中太行山麓的焦作和中西部三门峡—郑州一带相对湿度较小在 65% 以下;此线东南侧年平均相对湿度在 70% 以上,其中淮南信阳大部最大,达 75% 以上。

全省平均相对湿度月际变化为:最小值出现在 1—3 月,最大值出现在 7—9 月(图 3-17)。各地平均相对湿度月际变化为南部小、北部大。淮南信阳地区各月分布均匀,相对湿度年较差在 15% 以下,其中固始最小,仅为 11%;沿黄以北地区和豫西山区栾川、平顶山等地各月湿度差异较大,相对湿度年较差在 20% 以上,其中安阳、新乡分别为 24% 和 21%,孟津最大,为 26%;其他地区相对湿度年较差为 15%~20%(表 3-20)。

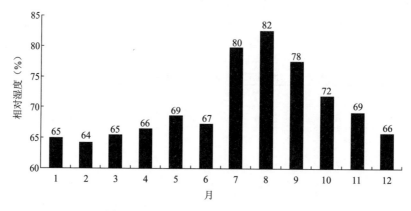

图 3-17　河南省各月平均相对湿度变化

表 3-20　河南代表站各月及年平均相对湿度(%)

站名	月份												年平均
	1	2	3	4	5	6	7	8	9	10	11	12	
安阳	60	55	56	57	61	61	76	79	72	68	67	63	65
济源	61	61	63	65	67	62	77	82	77	69	66	61	68
焦作	55	55	55	56	59	59	74	76	71	64	60	56	62
新乡	61	59	59	61	64	64	78	80	76	71	68	63	67
濮阳	66	63	63	64	69	66	81	84	78	73	72	69	71
三门峡	54	54	51	53	56	60	72	73	72	70	64	57	61

续表

站名	月份												年平均
	1	2	3	4	5	6	7	8	9	10	11	12	
卢氏	64	64	64	63	69	71	78	81	81	78	72	66	71
孟津	53	56	58	57	59	60	76	79	73	64	59	53	62
栾川	59	61	62	61	67	70	78	81	81	74	65	59	68
郑州	59	60	59	59	61	62	77	79	75	68	64	59	65
许昌	65	65	67	69	69	66	81	84	78	71	69	65	71
开封	61	60	61	62	65	65	78	80	75	69	66	64	67
西峡	65	65	67	67	67	68	79	81	78	72	67	63	70
南阳	70	67	69	70	70	70	81	82	77	74	73	70	73
宝丰	61	64	67	67	67	64	79	82	77	69	66	62	69
漯河	66	65	68	70	70	66	79	82	76	70	70	67	71
西华	68	67	68	69	71	70	82	84	80	75	72	69	73
周口	68	66	67	68	70	69	80	82	77	73	72	69	72
桐柏	72	72	70	69	71	75	81	83	80	77	73	71	75
驻马店	68	69	70	69	69	69	80	83	77	71	70	68	72
信阳	71	71	70	69	71	76	81	83	79	76	72	69	74
商丘	68	66	66	67	70	69	81	85	79	74	72	70	72
永城	69	67	68	70	71	67	81	83	77	71	71	69	72
固始	75	74	73	72	73	78	83	83	79	75	74	73	76

三、蒸发量

气象台站测定的蒸发量是指一定口径的蒸发器中的水因蒸发而降低的深度,以 mm 为单位。

各地蒸发量与温度、日照、风速等密切相关。温度越高、日照越多、风速越大,蒸发量就越大;反之,蒸发量就越小。河南省蒸发量分布为北部大、南部小。豫西山区、南阳盆地、豫东和豫南部分地区年蒸发量较小,在 1400 mm 以下,其中豫西山区的洛宁最小,仅 1152 mm;豫北西部,沿黄大部和豫西山区东侧的登封、汝州、宝丰一带年蒸发量较大,在 1600 mm 以上,其中豫北淇县最大,为 2066 mm;其余地区为 1400～1600 mm。

蒸发量的季节变化为:冬季因天气寒冷,蒸发量很小,为全年的最小值;夏季温高光足,是蒸发量最大的季节;春、秋季居中,但春季大于秋季。蒸发量的月际变化为:5—7月蒸发量较大,其中 6 月蒸发量为全年各月最大值,1 月最小(图 3-18)。对比 3—4 月和 9—10 月蒸发量发现,南阳盆地西南部和驻马店大部前者略小于后者,其他地区都是后者小于前者(表3-21)。这主要是因为河南省南部多春雨,其他地区多秋雨。

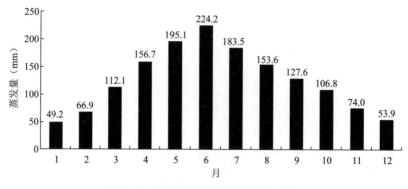

图 3-18　河南省各月平均蒸发量变化

表 3-21　河南代表站各月及全年平均蒸发量(mm)

站名	月份												全年	记录年份
	1	2	3	4	5	6	7	8	9	10	11	12		
安阳	45.6	75.6	143.1	223.4	262.4	287.0	223.1	193.3	158.3	123.8	79.4	49.9	1864.9	1981-2001
济源	48.4	66.1	111.3	155.7	195.0	245.5	187.6	151.4	128.7	115.8	80.9	54.9	1541.3	1981-2010
焦作	58.3	78.0	128.4	185.7	224.3	245.0	186.7	160.9	129.8	114.7	87.7	68.7	1668.2	1981—2010
新乡	54.0	79.0	135.7	188.8	211.0	222.7	182.2	161.6	128.7	99.2	71.5	55.7	1590.1	1981—2010
鹤壁	54.7	81.3	134.9	222.7	265.2	279.6	207.6	175.5	154.7	133.6	83.5	57.0	1850.3	1981—2010
濮阳	36.5	58.2	116.1	169.5	205.0	236.1	181.8	156.8	129.7	103.0	60.5	36.9	1490.1	1981—2010
三门峡	49.2	73.9	136.8	173.6	230.9	234.0	231.3	197.4	152.9	100.2	68.2	50.7	1699.1	1992—2010
卢氏	35.2	51.8	94.1	139.3	157.9	163.7	167.2	142.4	96.7	72.9	51.0	35.8	1208.0	1981—2010
孟津	67.0	81.5	126.5	188.9	237.8	251.5	206.0	168.3	141.2	125.7	94.0	74.4	1762.8	1981—2010
洛阳	53.1	65.7	102.3	150.6	186.9	220.8	180.2	142.7	115.8	101.0	74.2	59.9	1453.2	1981—1998
栾川	52.9	62.4	100.3	144.1	168.2	176.2	173.1	150.6	107.2	90.7	72.9	57.2	1355.8	1981—2010
郑州	62.3	79.5	135.6	203.7	246.1	261.9	211.3	172.8	146.5	125.4	92.3	70.8	1808.2	1981—2010
许昌	52.0	67.5	110.9	159.8	207.7	254.6	201.7	156.2	140.8	116.3	76.1	55.7	1599.3	1981—2010
开封	55.2	77.2	132.6	193.0	229.4	231.1	201.1	171.2	142.1	113.3	80.4	59.4	1685.7	1981—2010
西峡	57.2	69.3	101.5	145.2	189.2	212.0	191.5	165.4	129.9	110.5	85.2	65.8	1522.7	1981—2010
平顶山	72.0	83.5	124.0	196.1	225.6	244.4	221.6	200.5	163.0	142.3	117.4	86.7	1877.1	1981—2010
南阳	40.8	59.2	89.9	133.6	169.7	187.8	174.8	155.4	129.2	96.5	63.2	43.6	1343.7	1981—2010
宝丰	67.3	77.7	116.8	162.3	206.5	256.9	198.2	159.0	139.7	129.1	93.0	73.7	1680.3	1981—2010
漯河	53.9	73.0	112.0	147.8	200.3	255.2	202.9	161.4	139.1	118.1	77.2	57.6	1598.5	1981—2010
西华	39.6	58.2	98.6	139.3	177.4	199.4	181.4	147.4	119.7	90.5	58.9	41.8	1352.1	1981—2010
周口	40.9	57.8	99.3	137.5	172.9	193.0	169.0	143.5	116	89.7	58.3	42.8	1320.7	1981—2010
桐柏	44.7	59.6	103.1	150.7	174.1	178.2	173.6	151.2	119.8	95.2	73.4	53.2	1376.9	1982—2010
驻马店	46.8	61.3	98.9	146.3	194.7	218.0	198.5	154.0	135.1	110.1	74.8	54.8	1493.3	1981—2010

站名	月份												全年	记录年份
	1	2	3	4	5	6	7	8	9	10	11	12		
信阳	47.9	61.4	99.3	151.9	183.7	168.3	190.8	155.7	127.1	97.8	75.9	59.2	1419.0	1981—2010
商丘	40.3	62.7	112.3	155.2	190.5	221.5	184.1	146.9	126.2	100.4	64.5	43.7	1448.3	1981—2010
永城	43.7	63.8	109.4	151.7	199.8	245.2	194.0	157.4	138.2	118.3	72.3	47.0	1540.8	1981—2010
固始	41.6	57.1	88.3	127.6	168.9	163.9	174.5	152.6	123.6	97.3	69.3	51.8	1316.5	1981—2010

1961—2018 年全省年平均蒸发量呈明显减少趋势,平均每 10 年减少 80 mm(图 3-19),蒸发量的减少主要是日照时数和风速明显减少所致。

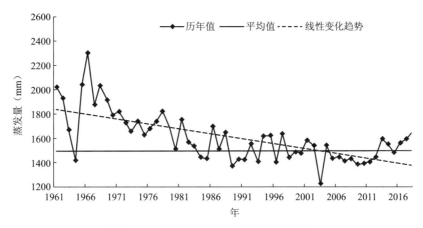

图 3-19 河南省年平均蒸发量历年变化

第五节 风

空气的水平运动称为风。风是矢量,常用风向和风速表示,风向是指风的来向,通常用十六方位法表示,风速是指空气在单位时间内移动的水平距离,以 m/s 为单位。

风能使地球上的热量、水分、CO_2 等物质和能量进行水平交换,还直接影响天气变化,影响到大气中污染物质的扩散、病虫害的传播等,所以风是一个极为重要的生态环境因子。

一、平均风速

风向和风速随时间的变化很大,特别是近地层中的气流并不是均匀规则的空气运动,而是具有不同尺度的各种涡旋的位移。这些大大小小的涡旋往往具有不同的运动速度和方向,这就决定了近地面层风的多变性和阵发性。通常测定的风实际上是这些运动速度和方向的综合结果。例如气象站定时观测的风是指距地面 10.5 m 高度、2 min 内的平均风速和最多风向,每日平均风速是指 4 次定时观测的风速平均值。

全省年平均风速为 0.7(洛宁)~3.3 m/s(新县),各地风速大小主要受地形条件影响。平原区因海拔高度低,地势平坦宽广,气流畅通无阻,故风速较山区的大,如豫北平原、沿黄一带、中东部部分地区和豫南大部风速一般在 2 m/s 以上;山区则因地形对气流的阻滞和削弱作用,风速相对较小,一般在 1.5 m/s 以下,尤其是豫西山区洛宁、嵩县、南召的年平均风速不足 1.0 m/s,是全省风速最小的区域。同纬度山区风速比平原地区风速小,如豫北太行山区的林州年平均风速为 1.2 m/s,比其东面同纬度平原安阳(2.1 m/s)、汤阴(2.4 m/s)明显偏小;豫西山区的卢氏年平均风速为 1.0 m/s,比同纬度平原的许昌(2.5 m/s)明显偏小(表 3-22)。但在一些孤立高山上,由于四周开阔,气流受地面摩擦作用小,使得风速较大,如中部地区嵩山年平均风速达 4.9 m/s。

年内平均风速的季节变化是春季最大,冬季次之,秋季最小。各月平均风速变化是春季 3 月、4 月最大,夏秋季 8—10 月最小(图 3-20)。1961—2018 年全省年平均风速呈明显减小趋势,平均每 10 年减小 0.26 m/s,尤以 20 世纪 90 年代以来偏小显著。

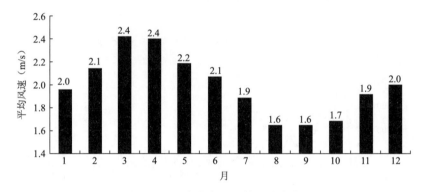

图 3-20 河南省各月平均风速变化

表 3-22 河南代表站各月及年平均风速(m/s)

站名	月份												年	记录年份
	1	2	3	4	5	6	7	8	9	10	11	12		
林州	0.8	1.1	1.5	1.8	1.7	1.6	1.2	0.9	0.9	0.9	0.9	0.8	1.2	1981-2010
安阳	1.6	2.0	2.7	2.9	2.5	2.3	1.9	1.6	1.6	1.6	1.7	1.7	2.0	1981-2001
焦作	1.8	2.0	2.2	2.3	2.3	2.1	2.0	1.7	1.6	1.7	1.9	2.0	2.0	1981—2010
新乡	2.0	2.2	2.6	2.6	2.3	2.0	1.7	1.7	1.6	1.6	1.8	1.9	2.0	1981—2010
鹤壁	1.8	2.2	2.7	3.0	2.7	2.4	2.0	1.7	1.7	1.7	1.8	1.8	2.1	1981—2010
濮阳	1.8	2.0	2.5	2.7	2.3	2.2	1.8	1.5	1.6	1.6	1.8	1.8	2.0	1981—2010
三门峡	1.9	2.2	2.3	2.3	2.1	1.9	2.2	2.0	1.8	1.6	1.7	1.8	2.0	1992—2010
洛宁	0.8	1.0	1.2	0.9	0.7	0.5	0.5	0.5	0.4	0.4	0.7	0.8	0.7	1981—2010
卢氏	0.9	1.2	1.5	1.5	1.2	1.1	1.0	0.8	0.6	0.7	0.9	0.9	1.0	1981—2010
孟津	2.7	2.9	3.1	3.1	2.8	2.7	2.4	2.3	2.2	2.4	2.7	2.8	2.7	1981—2010
洛阳	1.8	1.8	1.9	1.8	1.7	1.7	1.5	1.2	1.2	1.5	1.8	1.9	1.7	1981—1998
栾川	1.4	1.5	1.6	1.5	1.4	1.3	1.1	1.1	1.0	1.1	1.3	1.4	1.3	1981—2010
郑州	2.3	2.4	2.8	2.8	2.6	2.4	2.1	1.8	1.7	1.8	2.2	2.4	2.3	1981—2010
许昌	2.5	2.6	2.9	2.9	2.7	2.7	2.3	2.0	2.0	2.1	2.3	2.5	2.5	1981—2010
开封	2.6	2.8	3.2	3.3	3.0	2.6	2.4	2.2	2.1	2.2	2.5	2.6	2.6	1981—2010
西峡	1.9	2.0	2.2	2.4	2.4	2.3	2.1	2.0	2.0	2.1	2.2	2.1	2.1	1981—2010

续表

| 站名 | 月份 | | | | | | | | | | | | 年 | 记录年份 |
	1	2	3	4	5	6	7	8	9	10	11	12		
平顶山	1.6	1.8	2.0	2.1	1.9	1.8	1.7	1.6	1.6	1.6	1.8	1.9	1.8	1981—2010
南阳	1.9	2.2	2.4	2.3	2.1	2.0	1.9	1.8	1.7	1.6	1.7	1.8	2.0	1981—2010
宝丰	2.5	2.5	2.7	2.7	2.6	2.7	2.3	1.8	1.8	2.1	2.5	2.7	2.4	1981—2010
漯河	2.0	2.2	2.4	2.4	2.3	2.4	2.0	1.7	1.7	1.7	1.9	2.0	2.1	1981—2010
西华	1.9	2.0	2.3	2.2	2.0	1.8	1.6	1.5	1.5	1.4	1.8	1.9	1.8	1981—2010
周口	1.6	1.9	2.2	2.2	1.9	1.8	1.6	1.5	1.5	1.4	1.6	1.6	1.7	1981—2010
桐柏	1.3	1.5	1.9	1.9	1.6	1.5	1.5	1.3	1.2	1.1	1.4	1.4	1.5	1982—2010
驻马店	2.2	2.3	2.6	2.4	2.3	2.4	2.1	1.8	1.7	1.9	2.2	2.2	2.2	1981—2010
信阳	2.4	2.6	3.0	3.0	2.7	2.5	2.7	2.4	2.3	2.2	2.3	2.4	2.5	1981—2010
商丘	2.0	2.2	2.7	2.8	2.5	2.3	2.1	1.7	1.7	1.7	2.0	2.1	2.2	1981—2010
永城	2.1	2.5	2.8	2.8	2.6	2.7	2.5	2.1	2.0	2.0	2.2	2.2	2.4	1981—2010
固始	2.5	2.8	3.0	2.8	2.7	2.5	2.3	2.2	2.2	2.2	2.4	2.4	2.5	1981—2010

二、最多风向

根据年内各风向出现频率确定最多风向。年内各风向频率是指年内各风向出现次数占全年各风向(包括静风)记录总次数的百分比,频率最高的风向即为最多风向。

河南省各地风向分布具有明显的地域性差异。由于受豫北西部东北—西南走向太行山脉的阻挡,北方冷空气沿山脉东侧南下时,全省大部分地区盛行东北风(NE)和东北偏北风(NNE);受黄河谷地和两侧山脉地形的约束作用,豫西沿黄部分地区盛行偏东风。从各区域代表站(表3-23)来看,全省大部分地区以静风(C)最多,尤其是豫北林州和豫西卢氏,全年静风频率分别高达46%和45%;其次是东北风(NE)和东北偏北风(NNE)。豫西三门峡因地处黄河谷地,全年以东风(E)为主;豫西洛阳、平顶山、南阳部分地区以偏西风(W、NW、WNW、NNW)为主;豫东商丘以偏南风(S、SE)为主导风向;豫南固始则以偏东南风(ESE)为主导风向。

表 3-23 河南省代表站年主要风向和频率

站名	风向(频率)	记录年份	站名	风向(频率)	记录年份
林州	C(46%),E(8%)	1981—2010	开封	NNE(12%)	1981—2010
安阳	C(27%),S(17%)	1981—2001	西峡	WNW(20%)	1981—2010
济源	C(31%),E(11%)	1981—2010	平顶山	C(29%),NW(8%)	1981—2010
焦作	C(21%),NE(12%)	1981—2010	南阳	C(20%),NE(16%)	1981—2010
新乡	C(23%),ENE(14%)	1981—2010	宝丰	C(17%),NNW(10%)	1981—2010
鹤壁	C(23%),N(15%)	1981—2010	漯河	C(21%),N(9%)	1981—2010
濮阳	C(19%),S(15%)	1981—2010	西华	C(21%),NNE(8%)	1981—2010
三门峡	E(33%)	1992—2010	周口	C(21%),E(9%)	1981—2010

站名	风向(频率)	记录年份	站名	风向(频率)	记录年份
卢氏	C(45%),NE(10%)	1981—2010	桐柏	C(37%),E(7%)	1982—2010
孟津	NE(16%)	1981—2010	驻马店	C(14%),NW(9%)	1981—2010
洛阳	C(31%),W(13%)	1981—1998	信阳	C(13%),N(10%)	1981—2010
栾川	C(33%),NW(12%)	1981—2010	商丘	C(15%),S(9%)	1981—2010
郑州	C(18%),NE(9%)	1981—2010	永城	C(15%),SE(10%)	1981—2010
许昌	C(14%),NNE(12%)	1981—2010	固始	ESE(12%)	1981—2010

三、大风

(一)最大风速

最大风速的统计是从每日定时观测中挑取最大值,若有风速自记仪,可从自记记录中挑取。全省年最大风速为9.4(杞县)~27.0 m/s(潢川)。受地形影响,最大风速的区域分布是豫西和豫东较小,豫北、豫中和豫南较大。豫东部分地区和豫西局部最大风速在15 m/s以下;豫北西北部安阳、林州一带,豫西山区北侧和东侧的洛阳、郑州、平顶山一带,沿黄一带和信阳部分地区最大风速在20 m/s以上;其余地区为15~20 m/s(表3-24)。

表3-24 河南省代表站定时最大风速(m/s)

站名	最大风速	出现日期 (年—月—日)	站名	最大风速	出现日期 (年—月—日)
林州	24.7	1990-12-21	开封	20.0	1978-10-26 1979-02-21
安阳	22.0	1973-11-7	西峡	19.0	1972-07-28 1979-06-28 1986-08-06
济源	16.7	2013-08-11	平顶山	18.3	1977-03-22 2010-04-06
焦作	22.0	1978-06-30	南阳	16.4	2016-06-06
新乡	20.0	1956-04-30	宝丰	21.0	1988-01-22
鹤壁	16.6	2018-03-15	漯河	17.0	1981-03-25
濮阳	15.3	1983-03-09	西华	25.0	1979-02-16
三门峡	17.0	1971-02-15 1973-06-09	周口	15.3	1980-12-01
卢氏	16.0	1971-07-26	桐柏	17.0	1995-11-07
孟津	25.0	1983-04-28	驻马店	23.0	1973-12-21
洛阳	19.7	1985-06-17	信阳	22.0	1988-08-09
栾川	14.2	2016-05-05	商丘	17.0	1979-06-08
郑州	20.3	1980-12-01	永城	18.3	1982-05-23 1982-12-05
许昌	20.0	1982-03-23	固始	21.0	1972-04-18

(二)大风日数

大风日数是指风速≥17.0 m/s的日数,除了从定时观测和自记记录中挑选外,还包括瞬时风速≥17.0 m/s或风力≥8级的日数。

河南境内地形和植被状况比较复杂,各地大风日数分布差异较大。全省年平均大风日数为0.1 d(内乡)～13.5 d(宜阳)。大风日数的分布特点是西部和东部少,北部和中部多。北起豫北的卫辉南至方城,西起渑池东至开封,交叉形成了一个多大风区域。此外,还有信阳的西南部,年平均大风日数都在5 d以上。豫北的修武、延津、原阳,豫西的渑池、孟津、宜阳、郏县、宝丰和豫南的新县大风日数多达10 d以上;豫西、豫西南山区、豫东和豫南的东部为少大风区,年平均大风日数不足2 d,其中豫西和豫西南山区最少,不足1 d(表3-25)。大风主要出现在春季,其次是冬季,秋季出现大风的日数最少。

表 3-25　河南省代表站各月及全年平均大风日数(d)

站名	月份												全年	记录年份
	1	2	3	4	5	6	7	8	9	10	11	12		
林州	0.2	0.3	0.6	0.8	0.2	0.4	0.3	0.1	0.1	0.2	0.2	0.5	3.9	1981—2010
安阳	0.0	0.0	0.5	0.4	0.6	0.3	0.2	0.1	0.1	0.1	0.0	0.1	2.3	1981—2001
济源	0.6	0.4	1.1	0.9	0.5	0.7	0.2	0.1	0.1	0.3	0.7	1.0	6.6	1981—2010
焦作	0.2	0.2	0.6	0.8	0.7	0.4	0.1	0.1	0.1	0.1	0.3	0.3	3.9	1981—2010
新乡	0.2	0.5	1.4	0.9	0.7	0.6	0.2	0.3	0.1	0.3	0.1	0.2	5.6	1981—2010
鹤壁	0.1	0.4	1.5	2.1	1.5	0.7	0.7	0.5	0.2	0.1	0.1	0.3	8.3	1981—2010
濮阳	0.0	0.0	0.1	0.3	0.3	0.2	0.1	0.1	0.0	0.0	0.1	0.1	1.3	1981—2010
三门峡	0.1	0.1	0.5	0.2	0.2	0.2	0.1	0.1	0.0	0.1	0.0	0.1	1.6	1992—2010
卢氏	0.0	0.0	0.0	0.0	0.0	0.2	0.0	0.0	0.0	0.0	0.0	0.0	0.2	1981—2010
孟津	1.2	0.9	1.4	1.2	1.0	0.9	0.4	0.3	0.2	0.6	1.1	1.5	10.7	1981—2010
洛阳	0.5	0.2	0.6	0.7	0.5	0.5	0.4	0.1	0.1	0.3	0.3	0.5	4.7	1981—1998
栾川	0.0	0.1	0.3	0.2	0.1	0.1	0.1	0.0	0.0	0.0	0.0	0.0	0.9	1981—2010
郑州	0.7	0.6	1.5	0.9	0.6	0.6	0.4	0.1	0.1	0.3	0.4	1.2	7.4	1981—2010
许昌	0.2	0.3	0.9	0.9	0.8	0.4	0.4	0.1	0.1	0.3	0.3	0.2	5.0	1981—2010
开封	0.3	0.5	1.6	1.4	1.0	0.4	0.6	0.3	0.2	0.4	0.4	0.4	7.4	1981—2010
西峡	0.2	0.1	0.1	0.3	0.3	0.5	0.7	0.3	0.1	0.1	0.3	0.1	3.1	1981—2010
平顶山	1.0	0.3	1.4	0.6	0.7	0.6	0.3	0.3	0.3	0.8	1.2	1.1	8.6	1992—2010
南阳	0.0	0.0	0.4	0.2	0.1	0.1	0.2	0.1	0.0	0.0	0.1	0.1	1.4	1981—2010
宝丰	1.3	0.8	1.4	1.2	1.1	1.0	0.5	0.2	0.1	0.7	1.4	2.2	11.9	1981—2010
漯河	0.1	0.2	0.3	0.3	0.3	0.4	0.2	0.1	0.0	0.3	0.1	0.0	2.3	1981—2010
西华	0.1	0.1	0.4	0.4	0.4	0.2	0.2	0.1	0.1	0.1	0.2	0.1	2.4	1981—2010
周口	0.1	0.1	0.3	0.3	0.1	0.1	0.0	0.0	0.0	0.0	0.1	0.1	1.2	1981—2010
桐柏	0.0	0.1	0.1	0.2	0.3	0.2	0.4	0.0	0.0	0.0	0.1	0.0	1.7	1982—2010
驻马店	0.2	0.2	0.2	0.2	0.2	0.3	0.2	0.1	0.0	0.1	0.2	0.2	2.2	1981—2010
信阳	0.2	0.5	1.7	1.9	1.4	0.6	1.0	0.6	0.2	0.2	0.6	0.4	9.3	1981—2010

续表

站名	月份												全年	记录年份
	1	2	3	4	5	6	7	8	9	10	11	12		
商丘	0.0	0.0	0.2	0.3	0.2	0.3	0.2	0.1	0.1	0.0	0.1	0.0	1.5	1981—2010
永城	0.0	0.2	0.5	0.5	0.3	0.4	0.4	0.3	0.0	0.0	0.1	0.1	2.8	1981—2010
固始	0.0	0.1	0.1	0.5	0.3	0.2	0.3	0.3	0.1	0.0	0.0	0.0	1.9	1981—2010

1961—2018 年全省年平均大风日数呈明显减少趋势,减少速率为 2.4 d/10 a,20 世纪 60 年代最多,70 年代次之,80 年代之后明显减少,其中 1966 年最多为 19.9 d,2014 年最少为 1.5 d(图 3-21)。

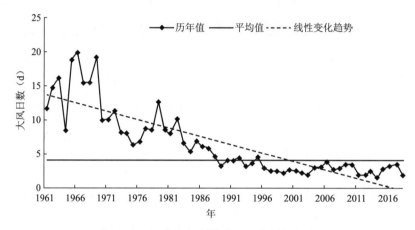

图 3-21 河南省年平均大风日数历年变化

第四章　河南农业气候分析

第一节　农业气候分析方法

农业气候分析是指根据农业生产的具体要求对当地气候条件进行分析。首先,将农作物与气候因子间的关系用指标定量地表示出来,然后利用这些指标的时空分布规律来说明某地区的农业气候特征,并评价它对某种作物(品种)生育、产量形成或农业生产过程的利弊程度,最后提出趋利避害抗灾的措施途径,为农业合理布局、改革耕作制度、革新农业技术以及制定农业区划提供参考。

一、农业气候指标确定方法

农业气候指标用于划分农业气候区域界限,反映地区农业气候特点和表示农业气候区域内的相似和区域间的明显差异,以及农业气候问题。在农业气候分析工作中,确定农业气候指标值是关键。在选择、确定农业气候指标时,应考虑指标必须有明确的农业意义,能反映出地区农业生产的差异。由于气候波动对农业生产的影响,通常需要考虑气候保证率。在运用农业气候指标时,须依据指标对农业的重要性,分出主导指标和辅助指标,并要求两者相结合。可采用综合指标法反映多种气象要素的综合作用。在进行小范围(县、乡、农场)区划时考虑选用土壤、地形、物候等自然景观的差异作为补充指标。常用的热量指标有农业界限积温(>0 ℃、5 ℃、10 ℃、15 ℃、20 ℃积温)、作物生长期积温、最冷月(1 月)和最热月(7 月)平均温度、平均极端最低温度等;水分指标有降水量、降水变率、蒸散量、降水蒸发比(干燥度或湿润度)、降水蒸发差等。另外还有光照、农业气象灾害和综合指标。

农业气候指标研究方法归纳起来主要有田间试验法、人工环境模拟法、分析判断法、统计分析法、遥感监测法。各种指标研究方法有着各自的优缺点,具体见表 4-1。

表 4-1　农业气象指标研究方法的优缺点

指标研究方法	优点	缺点
田间试验法	接近实际生产情形,试验结果较客观;试验点覆盖地区越少,求出指标越精准,越能反映当地实际情况,反之指标越粗糙。 包括对比试验观测法、分期播种法、地理播种法、地理移植法等。	试验周期长,效率低,对重复试验的管理措施、土壤条件等很难达到完全一致。
人工模拟法	不受自然条件限制,可严格定量控制某气象要素,试验误差低于田间试验误差;设备简单易操作,实验周期短,效率高。	作物群体条件、结构相关研究工作很难开展;设备模拟精度较低,试验结果需经田间试验验证后才可推广应用,常作为田间辅助试验。

指标研究方法	优点	缺点
分析判断法	研究对象不受时空限制,不易受环境因素影响制约,具有很强的灵活性,高效性。 包括大田调查法、专家经验法、群众经验分析法。	具有历史局限性,人为主观性较大,客观一致性差。
统计分析法	操作简便,成本低,指标获取省时,效率高。 包括资料对比分析法、图解法、回归分析法等。	受资料质量影响大,指标必须经过统计检验和实际验证方可推广应用。
遥感监测法	观测视域范围广,可大面积观测。不仅能获得地面可见光波段信息,还可获得紫外、红外、微波等波段信息。信息获取速度快,通过不同时间成像资料对比,可研究地面物体动态变化,便于研究事物发生变化规律。	遥感数据库不足,有待进一步完善补充;农业遥感的解译体系有待完善和提高。

二、农业气候分析原则

农业气候分析的对象为气候和农作物。气候因子不仅有年际变化,还受相关因子制约和影响;作物本身的特性和生态适应性也具有多样性。因此,在进行农业气候分析时,主要依据以下原则。

(1)着重考虑对农作物生育和产量形成起决定作用的气候因子——关键气候因子。因此必须区别作物生育中的基本气候因子、灾害因子和影响因子,以抓住主要矛盾来进行分析。

(2)着重考虑对农作物生育和产量形成起决定作用的时期——关键期。

(3)农业气候指标要有一定的稳定性,要对农业生产有80%的保证程度。

(4)着重考虑用农业气候相似原则来分析。

三、农业气候分析内容及步骤

(一)农业气候分析的内容

(1)分析当地光、热、水、气等作物生育因子的时空分布规律及其与农业生产对象和过程之间的关系,为农业布局、农业结构调整、种植制度改革、品种更换、引种和扩种等提出依据和合理化建议。

(2)分析生物的生育、产量和品质与气候条件的关系,以及这些条件对光合、呼吸、蒸散等物质与能量转化过程的影响和作用,以便充分挖掘气候资源的增产潜力。

(3)分析农业气象灾害、病虫害的发生和发展与气候条件的关系,为抗、避、防这些灾害提供农业气候依据。

(4)分析农业技术措施与气候条件之间的关系,为科学育种、耕作方式调整、农机具使用等提供依据。

(二)农业气候分析步骤

(1)根据问题提出具体任务;

(2)进行农业气候调查;

(3)确定关键时期和关键因子;

(4)确定农业气候指标;

(5)进行农业气候鉴定和气候的农业鉴定与分析;

(6)为抗、避、防农业气象灾害提出相应的措施和建议；

(7)在实践中检验分析结果。

第二节　河南省农业气候资源特征

农业气候资源是指一个地区的气候条件对农业生产发展的潜在能力，包括能为农业生产所利用的气候要素中的物质和能量。一般而言，农业生产所能利用的农业气候资源包括太阳辐射、热量、水分、风等资源要素。农业气候区划是以农业气候资源调查、研究工作为基础，包括农业气候资源分析、农业气候区划指标体系、区划产品制作与服务等主要环节。

太阳辐射是重要的农业气候资源，常用光量、光时、光质来评价。太阳年总辐射量、年日照时数以及作物生长期内的太阳总辐射量、生长期内的日照时数等表示光量和光时。光合有效辐射量更具有农业气候意义。另外，光质也是光资源的另一个重要特征。

热量资源要素通常用稳定通过一定界限温度的累积温度、最热月平均温度、无霜期长度等指标反映数量的多寡。另外，最冷月平均温度、年极端最低温度及其平均值等指标可以衡量冬季热量资源的可利用程度，也可以了解冬季低温对热量资源的限制程度。

地区水分资源包括大气降水、地表水、土壤水和地下水四个部分。大气降水是农业水资源的主要组成部分，是其他三项的来源。评价农业水分资源除了考虑降水量外，还要考虑作物对水分的需要和水分消耗情况，通常用农田可能蒸散、农田水分盈亏等表示。另外，还应当对不同作物、不同生育期以及不同气候季节分别进行评估。

农业气候资源作为气候资源的一种，具有如下基本特征：空间差异性，要素的空间分布随纬度、经度和海拔高度变化；时间波动性，随时间变化而有周期性和随机性波动；可循环再生性，水、CO_2 等资源是典型的循环资源；整体性，农业气候资源是一个完整的整体，缺少其中的任何一个组成因素都不能进行农事活动，且各因素之间相互制约，不可取代；多宜性，一种气候资源组合可以适应多种类似作物生长的气候要求，具有多宜性、共享性和有限性特征；活跃性与可测度性，气候资源要素与资料不同，多数流动性强、密度较低，不能收藏储存，但可以定量测量、计算与利用；生产力潜在性，可根据物质、能量转换原理估算气候生产潜力；可调控性，在一定的时空范围和条件下，施加有利措施(或不良人为活动)可改善(或恶化)气候资源和环境。

一、热量资源

(一)各界限温度出现日期和积温

(1)≥0 ℃起止日期和积温

日平均气温稳定通过 0 ℃的持续日数为农耕期。全省日平均气温≥0 ℃的初日分布特征为从南向北、从东到西逐渐后推，南部在 2 月 1 日以前，豫北和高寒山区在 2 月 21 日以后。≥0 ℃终日的分布与之相反，南部尤其是豫西南地区在 1 月 1 日前后，深山区和豫北地区在 12 月 21 日以前，因此≥0 ℃持续期间的活动积温呈明显的地区性，豫南和伊洛盆地在 5400 ℃·d 以上，豫西南在 5600 ℃·d 以上，而豫北太行山区低于 5000 ℃·d，卢氏和栾川在 4600 ℃·d 以下。

(2)≥5 ℃起止日期和积温

日平均气温稳定通过 5 ℃的持续日数一般表示为作物生长期的长短。例如，当春季气温稳定通过 5 ℃以后，许多喜凉作物开始播种，树木开始发芽，秋季气温降到 5 ℃以下时，它们停止生长而进入越冬期。全省≥5 ℃初日基本上为自东南向西北推迟,但最早和最晚初日差异不大,仅10 d左右,平均为3月11日前后。≥5 ℃终日由豫北和深山区的11月21日以前到豫南固始和豫西南西峡的12月1日以后,南北差异在10 d左右。该期间的活动积温以豫南和豫西南为最高,平均在5200 ℃·d以上,深山区最低,平均在4400 ℃·d以下。

(3)≥10 ℃起止日期和积温

日平均气温稳定通过10 ℃的持续日数表示为喜温作物的生长期。例如,许多喜温的大秋作物(玉米、水稻、棉花、烟草等)播种所需最低温度为10 ℃左右,秋季气温降到10 ℃以下时,它们就停止生长。全省≥10 ℃的初日除了高寒深山区平均出现在4月1日以后外,其余大部分地区为3月下旬。全省≥10 ℃终日大部分地区为11月上旬,豫南为11月中旬,而高寒深山区在10月下旬就已降到10 ℃以下了。该期间≥10 ℃活动积温大部分地区为4500~5000 ℃·d,唯有高寒深山区在4200 ℃·d以下。

(4)≥15 ℃、≥20 ℃起止日期的分布

一般来说,日平均气温≥15 ℃的持续期与积温是喜温作物活跃生长期的热量指标;≥20 ℃初日是水稻分蘖迅速增长的开始日期,终日为水稻安全齐穗期和玉米等喜温作物的安全灌浆成熟期。全省80%的地区≥15 ℃初日均在5月1日以前出现。终日分布较为复杂,总趋势自西北向东南渐晚。豫西南终日最晚,一般在10月21日以后;豫西高寒山区终日最早,在10月1日以前。≥20 ℃初日分布与其他界限温度不同,基本上自东向西逐渐变晚,出现在5月中旬和下旬,唯有高寒山区出现在6月上旬。≥20 ℃终日分布也较前不同,除了高寒山区终日在9月1日出现外,90%的地区终日出现在9月中旬。

从以上分析不难看出,全省热量条件最差的地区为豫西卢氏、栾川及其毗邻地区,其次是太行山区和豫北平原区。淮南和豫西南局部地区以及伊洛盆地热量条件最好。

(二)热量条件与种植制度

一般来说,热量条件是决定种植制度的重要指标,其分析的依据为生长季长短和该期间的积温。生长季长度不能笼统地采用一种界限温度的持续时间去度量,要根据不同种植制度中的作物对温度的最低需求来确定。从目前来看,河南省的种植制度主要有4种:高寒山区的一年一熟,丘陵区的两年三熟,平原区的一年两熟和烟区的三年五熟。平均复种指数为140%~170%。

在一年一熟的高寒山区,种植作物主要是春玉米、春谷子、马铃薯和春小麦,近年来夏播麦也有一定面积。从对热量条件要求较多的春玉米来看,4月中旬才可播种,9月上旬成熟,有效生长季长度为140 d左右。这期间80%保证率下的≥10 ℃活动积温为3000 ℃·d左右,可满足各玉米品种生育需求,对其他春作物来说,该热量条件更是绰绰有余。但无论从该地区生长季长度还是从积温来看,任何一种组合的二年三熟或一年两熟都是不合理的。

在河南省广大农业区,种植制度主要是以冬小麦为主的一年两熟制,与之搭配的夏播作物为玉米、水稻、棉花等。由于棉花一般在麦田采用预留宽行的方式种植,所以生长季长度不受小麦是否收获的限制。但种植玉米和水稻却不同,往往需要考虑小麦收获后剩余时间和总热量是否能够满足它们的要求。河南省小麦成熟期自南向北平均为5月下旬至6月上旬;≥20 ℃的终日(安全生长期的下限)平均在9月11—20日出现。从小麦成熟到≥20 ℃终日持续日数为90~110 d,且南多北少,6月10日至≥20 ℃终日之间的活动积温为2450~2750 ℃·d。若扣除农耗,则北部只能种植早熟玉米或水稻,南部可以种中熟品种。在秋季降温速率大的年

份,有可能遭受低温冷害或影响适时播麦。为解决这一问题,在夏玉米种植区进行麦垄套播,可使玉米生育期延长 7~15 d,相应增加了积温 200~300 ℃·d,为发挥晚熟品种的增产优势奠定基础。在沿黄麦茬稻区,为解决热量不足问题,普遍采用春性强的晚播小麦,并通过田间水肥调控措施,提高春季分蘖的成穗率,使晚播小麦不减产、中熟品种的水稻也能正常成熟。

二、水分资源

在确定作物布局和种植制度时,水分也是需要考虑的重要因子之一,它不仅直接参与作物的生命活动和产量形成,而且还影响着光、热量资源潜力的发挥,甚至在一定条件下转变成决定种植制度或整个农业发展的主导因子。因此,正确分析和评价本省水分资源是一项重要的基础工作。

(一)作物需水量

作物需水量是指在水分充足条件下,作物某个生育期或全生育期的水分消耗量,故也称为作物田间耗水量,它的多少与作物种类、生育状况、气候条件、土壤类型和栽培技术等诸多因子有关,具有明显的地区性。河南省气象局根据作物最高产量,求出了本省主要作物全生育期需水量和最大需水期的需水量(表 4-2),并利用土壤水分平衡方程,考虑地下水补给量,找出了与需水量相当的地上供水量指标(在没有灌溉条件下等于降水量指标)。由于不同作物、不同发育期所处的时间不同,需水量也不相同。对地下水位 15 m 的引黄灌区来说,小麦全生育期平均可利用地下水 76.5 mm,仅需要 208.5 mm 的降水量或灌溉量就可满足小麦全生育需水,而玉米的生长期处于多雨季节,地上平均供给量就达到了 365.2 mm,即供水量大于需水量,但由于降水时间分配不均、径流、渗漏等原因,供水量的有效利用效率不高,干旱也会经常发生。

表 4-2 河南几种作物需水量及相应的降水量指标(mm)

作物	小麦		玉米		水稻		大豆		谷子	
发育期	全生育期	抽穗前5 d至抽穗后25 d	全生育期	抽雄前10 d至抽雄后20 d	全生育期	孕穗至抽穗	全生育期	开花至鼓粒	全生育期	抽穗前后
需水量	285	106	300	155	660/735	175/196	300	154	250	83
降水量指标	210	80	365	188	450/390	121/104	330	169	315	105

注:斜线前后数据分别表示河南南部和北部水稻需水量及相应的降水量指标。

(二)农田蒸散量

农田蒸散量可分为农田实际蒸散量和潜在蒸散量,后者是在土壤水分充足的条件下,充分覆盖地面的作物,最大蒸腾量与株间土面最大蒸发量之和。就河南省而言,豫西高寒山区由于温度低,年潜在蒸散量<800 mm,许昌以南、京广线以东和豫西南地区因空气湿度较大,潜在蒸散量为 800~900 mm,豫北太行山尽管干燥,但温度低,潜在蒸散量亦<900 mm,其余广大地区年潜在蒸散量变化不大,一般为 900~950 mm。沿黄灌区气温较高,空气干燥,年潜在蒸散量超过 950 mm。全省农田实际蒸散量平均为 800 mm 左右,淮南、南阳和洛阳及毗邻地区年实际蒸发量比全省平均偏少 2%~3%。按生长季划分,秋播作物实际平均蒸散量为 360 mm,约占全年蒸散量的 45%,夏播作物实际平均蒸散量为 440 mm,约占全年的 55%。它

们的区域分布基本上与年分布相似。

(三)土壤水分盈亏状况

农田水分平衡的主要收入项有大气降水、灌溉和地下毛管水补给,支出项为蒸散、径流和渗漏。考虑到地下毛管水上升量与渗漏量基本平衡,所以,自然条件下农田水分盈亏量可视为降水量与蒸散量和径流量的差值。径流主要发生在降水强度较大的 7—8 月,全省平均为 25～130 mm。以淮南、伏牛山和桐柏山地最大,占年降水量的 10%～19%,周口、许昌、洛阳、安阳等地的占年降水量的 7%～9%,新乡、濮阳、郑州的占年降水量的 6%,最少为商丘、开封,占年降水量的 4%～5%。

据测算,河南省农田全年水分亏缺量为 194 mm,洪汝河是一条明显的农田水分供求平衡线。此线以南地区水分供大于求,属盈余区,盈余量为 0～225 mm。平衡线以北广大地区为水分亏缺区,其中黄河以北地区亏缺量达 265 mm 以上,豫西高寒山区和沙河以南至汝河以北平原亏缺量在 135 mm 以下,其余各地亏缺量为 135～265 mm。

在夏播作物的生长季内,尽管降水量多,但因蒸散量大,径流多,全省农田水分仍亏缺 80 mm 左右,平顶山亏缺量达 135 mm,其余大部分地区亏缺量为 40～135 mm。小麦生长季气温较低,蒸散较少,但由于持续时间长,使全省亏缺量平均为 114 mm,比夏播作物的多 34 mm。从地域分布来看,基本上为南余北缺,黄河以北缺水 220～250 mm,而豫南盈余量则达 100 mm 以上。

三、光能资源

太阳辐射是作物进行光合作用的能量来源,农作物总干物质重有 90%～95% 是通过光合作用合成的,只有 5%～10% 来自根部吸收的养分。因此,作物产量最终取决于单位土地面积上收获物所转化蓄积的太阳辐射能的数量。但是,并不是所有波长的太阳辐射对作物生育和产量形成都有效,只有波长为 0.38～0.71 μm 的光合有效辐射(PAR)能被植物所利用。据测算,在水、热、养分都处于最适宜时,光合有效辐射能的利用率上限为 10%。

直至目前,对光合有效辐射的测量尚未普遍开展。中国科学院地理科学与资源研究所农业生态系统试验站提出计算我国光合有效辐射的经验公式:

$$Q_{PAR} = Q(0.384 + 0.053 \lg e) \tag{4-1}$$

式中,Q 和 Q_{PAR} 分别为太阳总辐射和其中的光合有效辐射量,e 为水汽压,据此计算出河南省各地光合有效辐射。由分析可知,河南省光合有效辐射年总量为 1950～2300 MJ/m²,且具有"两高一低"的分布特点。从太行山东麓起,经伏牛山东麓山前丘陵、伏牛山南部、南阳盆地西南部,形成一条东北—西南向的光合有效辐射低值带,其中内乡最低,年总量仅为 2000 MJ/m² 左右。低值带东边为高值带,它包括京广线以东、大别山山前丘陵以北的广大平原区,年总量为 2200 MJ/m² 左右,其中尉氏最高,年光合有效辐射量达 2300 MJ/m²。低值带的西北边是豫西丘陵山地和太行山西段丘陵高值区,年总量为 2100～2200 MJ/m²。在高值带与低值带交界处,光合有效辐射年总量梯度很大,尤其是从山地的迎风坡到背风坡。例如,伏牛山北坡年总量比南坡多 210～ 250 MJ/m²,这主要是由副高和地形影响所致。

光合有效辐射的月际变化比较明显。最高值大都出现在 6 月(豫南信阳为 7 月),月总辐射量变幅达 250 MJ/m²;最低值多出现在 12 月(信阳为 1 月),变幅仅为 15 MJ/m² 左右。5—8 月光合有效辐射总量占年总量的 45%～48%,而 11 月—次年 2 月只占年总量的 20% 左右。

按界限温度持续时间统计,则≥0 ℃期间的光合有效辐射总量为 1900～2100 MJ/m²,占年总量的 86%～96%;≥10 ℃期间的总量为 1400～1850 MJ/m²,占年总量的 70%以上。它们的月分布与年总量分布相似(表 4-3)。

表 4-3　河南代表站各月平均及全年光合有效辐射(MJ/m²)

站　　点	月份												全年
	1	2	3	4	5	6	7	8	9	10	11	12	
安　阳	100.7	105.3	153.9	195.7	247.7	249.3	208.9	198.1	172.7	146.9	105.0	94.7	1978.9
濮　阳	100.1	108.8	155.5	197.5	254.0	260.3	229.6	216.9	177.7	154.2	110.6	96.1	2061.3
新　乡	100.9	102.6	140.3	182.9	236.7	247.1	210.7	208.8	160.7	146.3	102.6	92.8	1932.4
郑　州	104.0	108.9	149.4	191.7	249.0	263.3	236.7	226.8	172.7	154.9	112.1	99.5	2069.0
洛　阳	104.1	105.0	148.8	192.1	241.0	259.3	232.4	214.9	166.5	147.4	106.4	99.6	2017.5
卢　氏	105.4	108.0	153.2	193.2	234.3	253.2	251.2	241.2	166.8	148.8	114.1	109.4	2078.8
商　丘	107.3	116.2	159.8	203.8	258.9	277.9	251.2	244.0	189.9	164.0	117.1	104.5	2194.0
许　昌	108.6	113.1	156.4	202.5	254.3	278.4	258.4	247.5	185.3	161.2	116.8	108.1	2190.6
驻马店	111.2	115.3	157.0	201.8	243.6	272.1	160.8	254.3	180.6	157.1	117.2	110.8	2181.8
信　阳	109.6	113.0	152.6	199.9	250.8	280.0	282.1	265.4	189.0	163.4	114.1	111.5	2231.4
内　乡	102.7	103.7	143.9	186.3	229.8	253.1	241.2	249.6	166.3	149.6	110.7	100.9	2037.8
南　阳	103.0	108.4	150.1	197.4	238.7	267.2	255.6	267.0	186.7	157.8	117.0	102.9	2151.8

第三节　主要作物的农业气候分析

河南地处亚热带向暖温带过渡地带,适宜于多种农作物生长,是全国最大的粮食生产基地,也是全国小麦、玉米、油料、棉花、烟叶等农产品的重要生产基地。2018 年,河南省粮食产量达到 665 亿 kg,粮食生产连续 8 年取得历史性成就,真正确保了粮食安全,满足了一亿人的消费需要。本节分析农作物的生长发育与气候条件的关系,为进一步贯彻落实藏粮于地、藏粮于技的战略,以及为国家粮食安全战略在河南的实施提供参考。

一、小麦

在小麦生产的各种生态因素中,气候因子具有重要作用。光、热、水、气等气候因素有节律的周期变化,为小麦的光合生产提供能量源泉和必要条件。同时,气候在时间上和空间上又常有异常变化,影响和制约着小麦的稳产、高产和品质。因此,认真分析冬小麦生育期间的主要气候特征,认识其变化规律及其与小麦生育的关系,有助于确定合理的品种布局和采取相应的栽培技术措施。

(一)小麦的生物学习性

小麦(*Triticum aestivu m L.*)属于禾本科(*Gramineae*)小麦族小麦属,是喜冷凉的作物。河南小麦生产上应用的品种,属于普通小麦的各个变种。小麦的生长发育受气候条件、品种特性和栽培环境的影响。小麦一生有播种、出苗、三叶、分蘖、越冬、返青、起身、拔节、抽穗、开花、乳熟、蜡熟和完熟等生育时期。根据小麦各个生育时期的器官建成和对产量构成的作用,可将这些生育时期划分为3个生育阶段:幼苗阶段、器官建成阶段和籽粒形成阶段。幼苗阶段从出苗到起身,小麦植株只分化生长叶、根和分蘖,是建成壮苗的重要阶段,也是决定穗数的关键时期;器官建成阶段从起身到开花,形成全部叶片、根系、茎秆和花器,植株的全部营养器官和结实器官均已建成,是小麦一生中生长量最大的时期,也是决定穗粒数的关键时期;籽粒形成阶段,从开花到成熟,是籽粒形成、灌浆和成熟的过程,是决定粒重的关键时期。

(二)河南省小麦生育期间的气候条件

(1)小麦生育期间总的气候特点

河南省属于北亚热带向暖温带过渡地区。以伏牛山主脉和淮河干流为界,其北部为暖温带半湿润气候,属于黄淮平原冬麦区,占全省麦田面积的80%左右,其南为北亚热带湿润气候,属于长江中下游冬麦区。全省冬小麦一般在9月下旬至10月中、下旬播种,5月底至6月初收获,全生育期220~260 d。小麦生育期间总的气候特点是:秋季温度适宜,中部和南部多数年份秋雨较多,麦田底墒充足,西部和北部播种期间降水量年际间变幅较大;冬季少严寒,雨雪稀少;春季气温回升快,光照足,常遇春旱;入夏气温偏高,易受干热风危害。这样的气候条件形成了河南小麦的生长发育具有"两长一短"的特点,即幼苗阶段和器官建成阶段长,籽粒形成阶段短。

从11月初到翌年2月下旬的120 d左右,为幼苗阶段,占全生育期50%左右。由于越冬期间平均气温基本保持在0 ℃以上,麦苗常绿过冬,继续缓慢生长,处于"下长上稍长"的阶段,有助于养分积累,使植株生长健壮,安全越冬;一般分蘖较多,单位面积(667 m²)茎数常能达到100万以上,而且分蘖成穗率也高,为小麦高产奠定了坚实的基础。

从2月底至4月底,为器官建成阶段,一般达60 d左右。此期幼穗分化从二棱期到四分体期,经过小花分化,雌雄蕊原基分化以及药隔、性器官形成和四分体形成。这一时期穗的发育状况直接影响小花数、结实率及每穗粒数。所以,这一阶段的分化发育对小麦产量的影响较大。由于河南省此期的气温回升较快,植株体内有机营养的分配供应有限,常常造成后期许多器官不能正常发育,引起小花大量退化,穗粒数降低。但幼穗分化期长有利于促穗大粒多,能发挥大型品种的增产优势。

从4月底到6月初,为籽粒形成阶段,小麦从抽穗开花到灌浆成熟约40 d,但籽粒灌浆成熟期是从5月5日前后到6月初,30 d左右,小麦灌浆期最适宜的温度是20~25 ℃,而该期正处于入夏气温迅速上升阶段。据测定,这时如果遇到连续3 d 30 ℃以上高温,就会产生"逼熟"现象,引起秕粒,千粒重降低。

(2)光照条件与小麦生长

河南省光能资源丰富,生产潜力颇大,年辐射总量达1500~4800 MJ/m²,高于长江以南,低于青藏高原及西北等地。冬小麦生育期间,太阳辐射总量约2900 MJ/m²。若以波长为380~710 nm波段对小麦光合作用的有效生理辐射占太阳辐射总量的47%计算,约折合光合有效辐射1300~1400 MJ/m²。根据河南省辐射实测资料,用黄秉维(1978)计算光合潜力的方法可粗略地估算出,河南省冬小麦的光合潜力(即在包括作物和环境因素在内的一切其他条件都充分满足的情况下,由当地辐射量决定的可能产量——小麦单产的最高值)单位面积(667 m²)可达1550 kg左右。目前河南省小麦的平均单位面积(667 m²)产量437 kg,光能利用率仅为1.0%左右。

小麦属长日性植物,不同小麦品种对日照的反应不同。如冬性小麦品种对光照反应最敏感,需要经 30～40 d 且每天日照时数≥12 h 时才能开花结实;半冬性小麦品种需经 24 d 且每天日照时数≥12 h 时才能开花结实;一般春性品种对日照反应迟钝,在每日 8～12 h 日照条件下约 16 d 即能开花结实。河南省栽培小麦以偏春性和半冬性品种为主。小麦生育期的可照时数为 2750～2800 h,日平均可照时数在 12 h 左右,如果考虑曙暮光,则光照时数更多。从实照时数来看,全省变化范围为 1300～1600 h,只有豫南和豫西南部分地区不足 1300 h。其空间分布呈北高南低型。在小麦抽穗期,实照时数与千粒重呈显著正相关。从河南大部分地区来看,小麦抽穗期正值以晴朗为主的天气,除了淮南麦区因受梅雨影响而光照不足外,大部分地区实照时数均在 250～300 h,这对小麦籽粒形成十分有利。豫南地区常常阴雨连绵、光照不足,影响籽粒的形成与灌浆,是豫南多湿稻茬麦区小麦生产的限制因素之一。

小麦是喜光作物,对光照度的要求很高,一般单叶光饱和点为 24000～30000 lx,群体光饱和点可达 70000～90000 lx,光补偿点为 200～400 lx。在小麦拔节之前,叶面积系数很小,本省光强往往是过剩的,以致造成光能资源的浪费。在小麦生育中期(拔节至孕穗),对于水肥条件好的高产地块来说,可能会因植株密度过大,植株中下部透光率小而使光强达不到饱和点,影响光合并且容易造成倒伏。因此,研究高产小麦群体内的光分布规律和确定麦田光照条件的适宜指标,对创造合理的群体结构、提高光能利用率有重要意义。

(3)气温与小麦生长

① 小麦的感温性。小麦从种子萌动以后,其生长点除要求一定的综合条件外,还必须通过一个以低温为主导因素的影响时期,然后才能抽穗结实,这一现象称为小麦的春化现象。这种以低温影响小麦春化作用的特性,称为小麦的感温性。

不同的小麦品种通过春化阶段所需的时间和气温不同。如春性小麦在 15～20 ℃ 的温度条件下经过 5～15 d 就可通过春化阶段;半冬性品种需要 3～15 ℃ 的温度,持续 15～35 d 可通过春化阶段;冬性品种在 0～7 ℃ 的温度条件下经过 35～60 d 才能通过春化阶段。南方冬季气温较高,春性较强,北方气温低,冬性强。若南方盲目栽培冬性强小麦,则无法通过春化阶段;反之,春性强的小麦在北方栽培,则易遭受冻害。

② 气温对小麦各个生育阶段的影响。气温一方面影响小麦生长发育、分布和产量,另一方面影响小麦发育速度,从而影响小麦全生育期长短与各发育阶段出现的早晚。小麦病虫害的发生、发展也与气温有直接的关系。河南小麦的一生,经历着深秋、冬季、春季和初夏的不同气候,受"V"形变化的气温影响(图 4-1)。根据冬小麦适宜播期的气温要求(冬性品种 18 ℃、

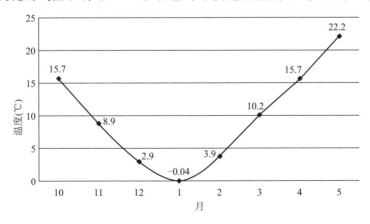

图 4-1　河南省小麦生育期的"V"形气温变化(2000—2013 年)

春性品种 16 ℃),以及成熟期的气温要求,生育期内的气温变化可满足小麦生长发育的需求。另据研究,不同品种的冬小麦自播种至成熟需要大于 10 ℃的活动积温 1700～2400 ℃·d。从河南历年气温资料来看,除西部山区卢氏、栾川等地积温在 1800 ℃·d 左右外,平均值为 2300 ℃·d 左右(表 4-4),可以满足冬小麦生长发育的需要。但由于气温年际变化较大,不同年份秋冬降温早晚、快慢不同,越冬条件及春季冷暖状况不一,对小麦稳产、高产也会产生不同的影响。

表 4-4　2000—2010 年黄淮冬麦区小麦生育期内各月的平均气温及总积温

月份	10 月	11 月	12 月	1 月	2 月	3 月	4 月	5 月	生育期
平均气温(℃)	15.7	8.9	2.9	−0.04	3.9	10.2	15.7	22.2	9.8
≥0 ℃积温(℃·d)	487.6	265.3	82.1	18.3	81.2	259.8	454.3	650.6	2299.2

冬前足够的积温是形成壮苗的必要条件。培育壮苗是提高分蘖成穗率的重要基础,冬前壮苗的指标:主茎生出 7～8 片,单株具有 5 个分蘖,单位面积(667 m²)总茎数达 70 万个左右,为成穗数的 1.5～2.0 倍。据测定,冬前每长一片叶平均需要积温 80 ℃·d 左右,而冬前壮苗需要积温 530～650 ℃·d。冬前积温大于 700 ℃·d 则会出现旺苗,低于 500 ℃·d 则难以形成壮苗。因此适时播种,保证冬前有足够的积温,是形成壮苗的重要条件。

返青到抽穗是小麦营养生长和生殖生长并进阶段。当日平均气温稳定达到 3 ℃、晴天中午前后达 10 ℃以上时,新生分蘖和根、茎、叶都将明显生长,麦苗开始返青。当气温达到 8～10 ℃开始拔节。根据河南历年气象资料的统计分析,气温大于 3 ℃的日期为 2 月 20 日左右,稳定大于 8 ℃的日期为 3 月 20 日左右。小麦拔节后忍受低温的能力明显下降,如遇强冷空气侵袭,当平均气温低于 0 ℃时,会遭受不同程度的冻害,影响雌雄蕊的发育,小花退化,结实率降低。一般冻害出现越晚,危害越严重。河南春季受季风环流的影响,天气变化剧烈,常出现倒春寒等不利天气,对小麦的生长发育影响很大。

抽穗到成熟大约 35～40 d,是决定粒重的关键时期。小麦抽穗后 2～3 d 便开始开花,以日平均气温 16～21 ℃为宜,天气晴朗,微风,空气湿度为 60%～80%,开花迅速整齐。灌浆期适宜气温为 18～24 ℃,灌浆的上限温度为 28 ℃,下限温度为 12 ℃。灌浆期如气温适宜,则灌浆持续时间长,千粒重高。如果平均气温达 26 ℃以上,对灌浆不利。当气温超过 30 ℃时,对籽粒灌浆不利,如再出现干热风天气,则提早结束灌浆,形成逼熟青干,千粒重降低。小麦灌浆期,河南省常有不同程度的干热风天气出现,以北部地区发生最多,重干热风多出现在豫东北平原。在 5 月中下旬,当 14 时气温≥30 ℃、相对湿度≤30%、风速≥3 级时,容易发生干热风灾害。干热风可使小麦减产 1～2 成,严重的达 3 成。

(4)水分与小麦生长

水是小麦生长发育不可缺少的生活因子之一,它既是植株的组成成分和光合作用的重要原料,又是营养物质吸收与转化的媒介和调节植物体温的潜热载体。在冬小麦各个生育期内,河南省降水量的时空变化较大,常因干旱或湿涝使产量低而不稳。

表 4-5　河南冬小麦旱涝指标(mm)

旱涝状况	底墒积蓄期	播种至越冬	返青至抽穗	抽穗至成熟
大旱	≤40	≤35	≤50	≤45
旱	41～80	36～70	51～100	46～90

续表

旱涝状况	底墒积蓄期	播种至越冬	返青至抽穗	抽穗至成熟
适宜	81～120	71～100	101～140	91～130
湿	121～240	101～200	141～280	131～260
涝	>240	>200	>280	>260

河南省高寒山区冬小麦播种最早,多年平均在9月下旬,其余大部分地区自北向南逐渐由10月上旬到中旬,播种时要求底墒充足,在没有灌溉的条件下,底墒水主要来源为播种前40 d左右(底墒积蓄期)的降水量。如果此期降水量适宜(表4-5),则5～7 d就能出苗。河南省该时期降水量平均为85～127 mm,最大相对变率可达347%。不适宜的降水量必然会引起旱涝。全省该时期发生干旱的年份占24%～57%,高值区为豫东北和南阳盆地,干旱频率均在50%以上;低值区为漯河和驻马店及其以东地区,干旱频率均低于30%。全省湿涝出现频率为23%～48%,空间分布为从东北向西南递增后又逐渐递减。由此看出,播种期最突出的问题是干旱误播,其次才是湿涝晚播。所以,灌区遇旱要踏墒,旱作区要加强保墒措施,而淮南部分地区则要排水降湿。

小麦分蘖期是决定单位面积穗数的主要时期,如果土壤干旱,不仅分蘖少,而且苗情弱,过湿也不利于形成健壮分蘖。全省小麦越冬前平均降水量为45～102 mm,北少南适宜。各地干旱频率为24%～80%,南阳、南召为一高值中心(在80%左右),太行山区为次高区(70%左右),而豫南和卢氏则在35%以下,故在干旱年份浇好分蘖水至关重要。需要指出的是,在考虑该期旱涝时,一定要注意底墒水的叠加或补偿。

河南省各地冬小麦返青期为2月5日至3月初,抽穗期为4月20—30日。该阶段发生干旱易使小穗和小花退化,影响穗粒数。据统计,各地该阶段平均降水量为41～159 mm,小于100 mm的地区占83%。从80%保证率值来看,豫北、豫西地区也都在适宜降水量的下限以下。例如1985年安阳仅降水3.0 mm,不足适宜降水量的3%。干旱频率的空间分布大致为自东南向西北依次增加,豫西、豫北干旱年份占80%～90%。而豫南湿涝频率占60%以上。从年际变化来看,干旱频率更高,所以,该时期是河南省冬小麦需水关键期,尤其是孕穗水对产量影响极大。

冬小麦生育后期水分适宜,有利于开花授粉的顺利进行和碳水化合物向籽粒内转移。干旱会使花粉干缩,造成小花不孕和千粒重降低。同样,过多的降水也会造成花粉吸水破裂,还会引起倒伏和病虫害。据分析,各地该期多年平均降水量为56～159 mm,即大部分地区水分比较适宜,淮南地区此期的湿害是制约产量的重要因子。

(5)气象条件与小麦品质

我国北方小麦面粉筋道好吃,而南方小麦不如北方的口感好。这种差别是由于南北方小麦品质不一样。品质好的小麦含有较多的蛋白质和面筋等,营养价值高。随着生产的发展和人民生活水平的提高,小麦品质已为人们所重视。小麦的品质与气象条件的关系密切。我国小麦蛋白质含量为9%～20%,造成这种差异的主要原因是品种不同。但气象条件不同,营养成分也有较大的差异。高温和干旱条件下,小麦的蛋白质含量较高,反之,蛋白质含量低,如西藏、四川就是因为成熟期温度低而蛋白质含量低。河南省小麦抽穗至成熟期温度高,有利于蛋白质积累,是优质专用小麦的生产基地。

（6）夏播小麦的农业气候优势

夏播小麦是指夏季播种且当年正常成熟的小麦品种群,它除了可以夏播外,还能在春秋和初冬播种并形成一定的产量,故亦称"四季麦",但它仍不失喜温凉气候的特征。

夏播麦与冬小麦相比,不仅生育期短（80～110 d）,且有一长一短特点（冬小麦为两长一短）,即前期短,从播种到抽穗仅需 31～42 d,而抽穗到成熟可达 50～59 d,而冬小麦该期仅为 40 d 左右。由于夏播麦灌浆时间长,灌浆期温度由高向低变化,所以千粒重高且稳;冬小麦灌浆时间短,且温度由低向高变化,后期易遭高温逼熟、干热风等危害,故千粒重低且不稳。

夏播麦比其他夏播作物所需积温少,所需 ≥0 ℃的活动积温一般为 1500～2100 ℃·d,该积温值比玉米、水稻、棉花和大豆所需的积温少,与早熟型谷子的相当。在夏旱（涝、冰雹）的年份,夏播作物已错过适宜播种期（已遭毁灭性灾害）时,以及在秋旱（涝）的年份,冬小麦不能适时播种时,均可用夏播麦补救。例如,1982 年夏季持续干旱,巩义一带不少地块的夏玉米旱死,该县赵岭村于 8 月初将玉米毁掉改种夏播麦,当年获得了单位面积（667 m^2）153 kg 的好收成。

在太行山深山区,热量和水分不能满足一年两熟,选用生育期短、需热量少的夏播麦取代夏播玉米就能获得高产和稳产。在豫西海拔 1500 m 左右的一年一熟区,因冬小麦不能安全越冬,只能种植以春玉米为主的大秋作物,若改种夏播麦就能解决群众吃细粮难的问题。例如,在卢氏县 1500 m 的望牛岭上,夏播麦单位面积（667 m^2）可达 210 kg 以上。

（三）河南小麦生产发展前景

中国是世界第一小麦生产大国,黄淮冬麦区一直是全国最大的小麦主产区,河南是全国第一小麦生产大省。60 多年来,河南小麦播种面积稳定在 400 万～550 万 hm^2,占全国小麦播种面积的 15％～25％;小麦单产呈持续增长的趋势,1949 年为每公顷 634.5 kg,2017 年增加到 6483.0 kg,68 年增长了 10.2 倍,年均增长率 15.0％;小麦总产也呈持续增长的趋势,1949 年为 253.9 万 t,2017 年增加到 3549.5 万 t,68 年增长了 13.9 倍,高于全国小麦总产增长;同时河南小麦总产占全国的比重从建国时期的 15.8％,增加到目前的 27.3％,约占全国小麦总产的 1/4 强。小麦生产的区域优势不断增强,稳定增长,实现了河南小麦生产三大突破。一是单产显著高于全国平均单产,位居主产省前茅。二是总产增长幅度大,占全国 1/4 强。21 世纪以来,河南小麦生产发展迅速,2000 年河南小麦总产超过全国的 1/5（22.4％）,2003 年超过全国的 1/4（26.4％）,近 10 年来一直稳定在 1/4 以上（平均 26.8％,最高 28.1％）。三是优质小麦发展快,对国家粮食安全贡献大。河南 1998 年开始大面积发展优质小麦,通过更换优质品种、规模种植、产销衔接、加工市场拉动等措施,2018 年优质小麦达到了 80 万 hm^2。近年来,优质麦快速扩大的趋势,基本解决了优质小麦短缺的问题,为小麦深加工奠定了基础。味精、面粉、方便面、挂面、面制速冻食品等产量均居全国首位,创新出了三全、思念、莲花、白象等一批小麦加工产品知名品牌。同时,河南总产快速增长与占全国比例的增大,使河南小麦商品率与外调数量不断增加,在全国 7 个小麦调出省中,河南年调出小麦在 1000 万 t 以上,占全国调出小麦总量的 50％,为国家的粮食安全做出了突出贡献。

二、玉米

玉米是河南省仅次于小麦的第二大粮食作物,也是重要的饲料作物,近年来在工业加工中的地位越来越突出。由于其产量高,适应性强,用途广,河南省种植面积已发展并稳定在 253

万 hm² 左右。但由于生育期间气候波动较大,常有旱、涝等不利因素制约玉米的高产和稳产。

(一)玉米的生物学习性

玉米(*Zea mays L.*)是禾本科玉蜀黍属一年生草本植物,原产热带,是一种喜温、喜光、高光效的 C4 作物。河南省年平均气温一般为 12～16 ℃,全年无霜期从北往南为 180～240 d;年均日照 1848.0～2488.7 h;年平均降水量为 500～900 mm,全年太阳辐射量 5107 MJ/m²,全省≥10 ℃的活动积温为 4300～5000 ℃·d,满足小麦玉米一年两熟生物学需求。河南省夏玉米的面积占整个玉米面积的 80% 以上。夏玉米的生长期在 6—9 月,从播种到新种子成熟,要经历种子萌发、出苗、拔节、雌雄穗分化形成、抽穗、开花、灌浆、成熟等生育时期。按其生育特点,可划分为三个生育阶段。苗期是指播种至拔节阶段,此阶段是以生根、茎节分化和叶片生长为中心的营养生长阶段,其生长特点是根系生长快于地上部的生长,到拔节时根系基本形成。穗期是指拔节到抽雄穗阶段,此阶段的生育特点是在叶片和茎秆旺盛生长的同时,分化形成雌雄穗,又称营养生长与生殖生长并进阶段;其生长中心由营养生长为主逐步转向以生殖生长为主。花粒期指抽雄穗至成熟阶段,此阶段营养生长基本停止,以生殖生长为中心。

(二)河南省玉米生育期间的气候条件

河南省玉米生育期间,光照充足,热量丰富,雨水充沛,雨热同期,适于玉米的生长,生产潜力很大。

(1)光照条件与玉米生长

玉米是喜光的短日照作物,全生育期需日照时数 600～800 h。平均每天 7～11 h 才能通过光照阶段。全省实际日照时数以夏季为最多,其中 7 月平均日照时数为 210～240 h,日照百分率多在 50%～55%。一年内最多日照时数所出现的月份各地不一,但相对集中于 5 月、6 月、8 月 3 个月内。因此就玉米全生育期日照时数看,基本上能满足玉米生长发育的需要。其中播种—拔节期,日照时数 300 h 左右,呈北多南少趋势;拔节—乳熟期,日照时数多在 300 h 以上,呈北少南多趋势。

玉米对光照强度的要求有两个主要指标,即光补偿点和光饱和点。一般来说,玉米的光补偿点为 300～1800 lx,光饱和点在 10 万 lx 以上。玉米光饱和点高,光补偿点低,因此光能利用率高,有利于干物质积累,故其生长速度快,产量高。在田间自然光照强度下,一般达不到玉米的光饱和点。玉米的光合作用强度随着光照强度的增加而增加,强光照条件有利于实现玉米高产。

(2)热量资源与玉米生长

河南省多实行冬小麦—夏玉米一年两熟制。由于受这种播种制度和热量条件的限制,一般玉米种植品种以早熟或中熟为主,部分地区还在小麦收获前进行麦垄点种。这样可以充分利用气候资源,提高玉米产量,同时可以及时腾茬,为冬小麦适时播种提供可靠保证。

玉米生育期对温度条件的要求因品种和熟性的不同而异。一般说来,在日平均气温稳定通过 10 ℃以后开始播种,日平均气温>20 ℃终日以前为适宜生长期,日平均气温>15 ℃终日以前为可生长期。即可生长期为日平均气温>10 ℃初日至>15 ℃终日,适宜生长期为日平均气温>10 ℃初日至>20 ℃终日。

单熟玉米品种全生育期要求≥10 ℃的积温 2100～2300 ℃·d,生育期 85～90 d;中早熟玉米要求≥10 ℃的积温 2300～2500 ℃·d,生育期 95～100 d;中熟品种要求≥10 ℃的积温

2500～2700 ℃·d,生育期 105～115 d。河南省各地 6—9 月日平均气温≥10 ℃的积温多为 2600～3100 ℃·d,绝大部分地区的热量条件可以满足早熟、中早熟和中熟玉米品种生育的需要。

玉米生长发育的最低气温为 10 ℃,苗期适宜气温为 15～20 ℃,当日平均气温>18 ℃时,玉米植株开始拔节,在一定的气温范围内,随着气温的升高而加快生长。拔节至吐丝的适宜气温为 24～27 ℃,开花至授粉的适宜气温为 25～27 ℃,高于 32～35 ℃或<18 ℃均不利于开花授粉。吐丝至成熟的适宜气温 18～24 ℃,乳熟期日平均气温<20 ℃时灌浆速度显著减慢,16 ℃为灌浆下限温度指标,气温<16 ℃时影响淀粉运转和物质积累(表 4-6)。

表 4-6 河南夏玉米平均生长期≥10 ℃活动积温(℃·d)

观测点	6 月 10 日至≥20 ℃终日		生育时期			
	持续天数	活动积温	播种—拔节	拔节—乳熟	乳熟—蜡熟	全生育期
安阳	97	2459	1065	1087	223	2375
新乡	99	2540	1065	1118	228	2411
洛阳	98	2556	1090	1126	231	2447
开封	98	2644	1063	1113	227	2403
商丘	98	2511	1055	1121	228	2404
周口	101	2620	1081	1147	231	2459
许昌	100	2592	1079	1131	231	2441
驻马店	97	2592	1077	1149	230	2456
南阳	98	2544	1073	1139	235	2447
固始	105	2735	1067	1164	240	2471

玉米生育期间,河南省 6 月全省平均气温为 23～26 ℃,大部分地区为 25～26 ℃,玉米苗期的气温正常偏高。7 月全省大部分地区平均气温为 27 ℃左右,此时玉米处于拔节至抽雄阶段,要求较高的气温,大部分地区气温条件均能满足玉米生育需要并稍偏高。8 月全省平均气温为 23～27 ℃,对正处于抽雄至乳熟期的玉米开花授粉和灌浆十分有利。河南玉米多在 9 月上、中旬成熟并收获,此时的气温与玉米灌浆和成熟期所要求的气温基本吻合。

(3)水分与玉米生长

玉米一生需水量较多,不同产量水平、不同生育阶段,玉米需水量不同。河南省夏玉米生育期间降水资源较为丰富,总的降水量和时间分布基本能满足玉米生育的需求,与玉米需水关键期也较吻合。但是由于降水年际变化大,时空分布不均,尤其是 6 月全省地区间降水变率最大,苗期常发生初夏旱和初夏涝。7 月、8 月夏季风鼎盛时期,降水集中,容易形成暴雨,给玉米生产带来不利影响。

早熟品种的玉米生育期需水量一般为 300～375 mm,中熟品种为 275～400 mm,晚熟品种为 400～475 mm。不同生育阶段对水分要求也不同。拔节前耗水量一般不超过 80 mm,拔节到灌浆期耗水量占全生育期总耗水量的 40%～50%,这一阶段耗水量为 150～200 mm。尤其是抽雄前 10 d 到后 20 d 为夏玉米需水临界期,也是需水高峰期。灌浆至收获耗水量为 80～100 mm。而本省夏玉米全育期平均降水量只有 270～488 mm,满足频率仅为 35%～85%,其中,豫东北的满足频率高于豫西和豫南。从各生育时段来看(表 4-7),播种至拔节平均降水量为 129～261 mm,盈余 9～161 mm;拔节至乳熟平均降水量为 147～223 mm,亏缺 77～197 mm;后期平均降水量为 22～43 mm,亏缺 57～98 mm,考虑到年际间自然降水变率 大,时间分配不均,加之径流、渗漏等,旱涝灾害时有发生。

表 4-7　河南夏玉米各生育时段降水量和水分盈亏(mm)

观测点	播种至拔节		拔节至乳熟		乳熟至蜡熟	
	降水量	盈亏	降水量	盈亏	降水量	盈亏
安阳	155	35～55	223	−77～−137	22	−78～−98
新乡	171	51～71	206	−94～−154	31	−69～−89
洛阳	129	9～29	147	−153～−213	33	−67～−87
开封	168	48～68	178	−122～−182	31	−69～−89
商丘	171	51～71	195	−105～−165	34	−66～−86
周口	175	55～75	177	−123～−183	33	−67～−87
许昌	172	52～72	202	−98～−158	25	−75～−95
驻马店	235	115～135	184	−116～−176	43	−57～−77
南阳	202	82～102	189	−111～−171	36	−64～−84
固始	261	141～161	163	−137～−197	22	−78～−98

注:盈亏一列中的正值为盈余,负值为亏缺。

(4)空气和土壤与玉米生长

玉米植株从空气中吸收氧气和二氧化碳。通常空气中含氧 20.96%,氮 79.01%,二氧化碳 0.03%,每立方米空气中含有 0.694 mg 的二氧化碳。

二氧化碳是光合作用的重要原料,它通过叶片表面的气孔进入叶肉细胞的间隙中,然后溶解于细胞壁而进入叶肉细胞内。在光的作用下,由叶绿素分子吸收光能并经过水的光解将二氧化碳和水化合成葡萄糖、淀粉等碳水化合物。在强光和适温条件下,玉米的光合作用强度主要受大气中二氧化碳浓度的限制。适当增加田间二氧化碳浓度,可以提高玉米产量。目前,有些地方正在进行二氧化碳根外施肥的试验与实践。

玉米群体冠层二氧化碳浓度在一天中不断发生变化。夜间和早晨浓度最高,可达到 400 mg/kg 以上;正午最低,可降至 250 mg/kg 以下。有时也会出现二氧化碳不足的情况,空气的对流和土壤中释放的二氧化碳可以使之得到补充。在当前大田生产的条件下,二氧化碳浓度还不会成为玉米增产的障碍因素,随着产量水平的提高,在玉米高密度的情况下,就应考虑改善田间二氧化碳供应状况。在大田生产中,可以采取增施有机肥料、多中耕、勤中耕和南北行向种植等措施。在温室中栽培特用玉米时,应考虑施用二氧化碳肥料。

土壤是玉米根系活动的场所,土壤状况可以影响根系的生长和分布,从而影响到整个植株的生长。玉米对不同土壤的适应性较强,但不同质地的土壤对玉米产量有着较大的影响。质地疏松通气、保肥、保水的沙壤土,玉米容易出苗,前期生长快,根系发达,后期生长健壮不早衰,有利于形成大穗和提高粒重。在板结或黏湿的土壤中,玉米往往发育不良,容易受涝,造成叶片变黄,其原因主要是根系呼吸作用受到阻碍。玉米的根系对土壤中氧气含量很敏感,适于玉米根系生长的土壤含氧为 10%～15%,含氧量低于 10% 时根系生长缓慢,而低于 5% 时则完全停止生长。土壤通气性良好,土壤中的好气微生物活动加强,可以把有机肥料分解成为速效性养分,提高土壤供肥能力。耕层土壤深厚,玉米生长期间经常中耕松土,雨后及时排涝,才能保证土壤空气的供应,满足玉米根系对氧气的需要。一般来说,轻沙壤土容重低,土壤中空气适中,土壤空气中含氧量较高,pH 为中性,容易使玉米形成发达的根系,从而实现玉米高产。

土壤耕层有机质和速效养分含量较高,是实现玉米高产的重要条件。玉米所需的养分有60%～80%来自于土壤原有养分的供应,只有20%～40%来自于当季投入的肥料。玉米高产田要求土壤有机质含量高,水稳性团粒结构多,潜在肥力大,各种养分配合比例协调。因此,争取玉米高产必须从培肥地力入手,广开有机肥源,实行秸秆还田,平衡施用氮磷钾化肥及微量元素肥料,提高土地的产出能力。

(5)影响河南省夏玉米生产的不利气象因素

河南省夏玉米生育期间气温、光照条件一般能满足夏玉米生产需要。由于降水年变率较大,常引起旱涝灾害,并由此诱发其他灾害,影响夏玉米高产、优质、高效。

① 初夏旱。夏玉米播种期一般在 5 月下旬到 6 月上中旬,此时正值初夏季节,全省各地干旱频率很高,影响夏玉米适时播种,导致晚播减产。

根据初夏旱指标(5 月下旬—6 月中旬)3 个旬中,每旬降水量均少于 30 mm,且总雨量少于 50 mm 统计,全省各地出现初夏旱的频率为 24%～57%,以豫北、豫西出现频率最高,豫南最低(表 4-8)。

表 4-8　河南玉米播种期干旱频率

地点	安阳	新乡	濮阳	郑州	洛阳	许昌	商丘	邓州	驻马店	固始	南阳
干旱频率(%)	60	45	55	50	55	55	50	40	25	15	25

② 卡脖旱。7 下旬至 8 月中旬正是夏玉米孕穗、抽雄及开花吐丝的时期,也是夏玉米整个生育期中需水量最多的时期,此时正是河南省雨季,与夏玉米需水规律配合较好。但是也有少雨年份,形成"卡脖旱",对夏玉米产量影响严重,是河南省夏玉米生产中的主要限制因素。7 月下旬至 8 月中旬各旬降水量<50 mm,且三旬总降水量<100 mm,即形成"卡脖旱"(表 4-9),会影响玉米抽雄吐丝,形成大量缺粒与秃顶,并使灌浆过程受阻,产量明显降低。

表 4-9　河南夏玉米卡脖旱发生频率

地点	安阳	濮阳	新乡	郑州	许昌	商丘	南阳	驻马店	信阳	洛阳	灵宝
频率(%)	10	10	25	25	25	15	35	30	40	40	55

③ 花期阴雨。7 月下旬至 8 月中旬的总降水量若大于 200 mm,或 8 月上旬的降水量大于 100 mm,就会影响夏玉米的正常开花授粉,造成大量缺粒和秃顶。驻马店、信阳和豫北地区出现频率较高,豫西和南阳盆地较低。

(6)玉米制种的农业气候分析

玉米制种长期存在杂交玉米产量低、价格高的问题,制约了玉米生产的发展。全国著名玉米专家吴绍骙教授认为,玉米制种产量低的问题是农业气象问题,需要通过农业气象专家研究解决。在他的积极倡导下,由河南农业大学农业气象课题组研究并解决河南玉米制种产量低的问题。吴绍骙教授同农业气象课题组共同研究分析,找出玉米制种产量低的原因是玉米自交系不耐高温,玉米自交系在气温 20~25 ℃活性强,玉米授粉率高。而进入 7 月下旬之后,河南省大部分地区处在玉米授粉关键时期,此时如果气温过高(玉米田间测到 48 ℃的高温),玉米自交系花粉失去活性,所以授粉率极低,造成玉米制种单位面积(667m²)产量很低,河南省通常情况下玉米制种产量仅 50~100 kg。找到制种产量低的原因后,玉米课题组到我国玉米制种产量较高的河北承德、辽宁葫芦岛、内蒙古赤峰等地实地考察,通过农业气候相似原理,经过 3 年的努力,在河南深山区三门峡市卢氏杜关乡海拔 800~1200 m 的地带玉米制种单位面积(667 m²)产量可达 400 多 kg。

三、花生

花生是我国四大油料作物之一,种植面积达到 390 万 hm²,仅次于印度,占世界花生种植面积的 20%左右;年总产量达到 1600 万 t,占世界总产量的 30%以上,居世界首位。我国花生出口量占国际份额的 25%以上,一直处于世界前列,是我国为数不多的具有国际竞争力的出口创汇型大宗农作物品种之一。因此,我国已经成为世界花生生产、消费和出口大国。

(一)花生的生物学习性

花生属草本植物,已正式命名的有 23 个种,其中只有一个种(Arachis hypogaea L.)是栽培种。W. C. Cregory 等(1951)首先采用分枝型(国内通称为开花型)作为主要分类性状,将栽培花生分为弗吉尼亚型、秘鲁型、西班牙型和瓦伦西亚型。孙大荣(1956)以分枝型为主,加上荚果性状,将花生分为四大类型,即普通型、龙生型、珍珠豆型和多粒型,在生产实践中又发展出中间型。由于花生具有无限开花结实的习惯,开花期和结荚期较长,而且开花、下针和结实连续不断地交错进行,与其他作物相比,花生生育时期划分存在一定困难。但各类器官的发生和生长仍然有其主要的快速生长时期,并且不同器官生长高峰期的出现先后有一定顺序性和相关性。目前,国内在栽培研究上,一般将花生分为种子萌发出苗期、幼苗期、开花下针期、结荚期、饱果成熟期等 5 个发育期。

(二)花生生长发育过程中气候条件

(1)不同类型花生的气候特点

根据花生品种的分类和各类品种对气象条件的不同要求以及各地气候条件,选择种植适合本地区的花生类型品种。

① 普通型:花生的主茎全是营养枝,不开花,侧枝多,花生的枝节与花节交替长出(又称交替开花型),典型的花生果内含有两粒花生仁。生长期长,用作春播,生长期在 145~180 d,要求 10 ℃以上的积温 3250~3600 ℃·d。种子休眠期长,达 50 d 以上。种子发芽的温度在 15 ℃以上,多为一年一熟制的春花生。

② 珍珠豆型:主茎基部有营养枝,主茎开花。分枝每一节也都开花(又称连续开花型)。典型的花生果也含有两粒花生仁。用作春播,生长期在 120~130 d,要求>10 ℃以上的积温 2850~3100 ℃·d。种子一般在 12 ℃以上的温度条件就能发芽。种子休眠时间短。此类型的品种具有早熟、结果集中、果仁饱满、耐旱、耐涝、耐瘠薄等特性,但抗病能力较差。几乎全国各花生区都在发展珍珠豆型品种。

③ 多粒型:主茎上除基部生长有 4~5 条营养枝条外,各节均有花枝发生,属连续开花型。花生果内多数含 3~4 粒花生仁。生育期较短,为 122~136 d,要求 10 ℃以上积温为 2780~

3220 ℃·d。种子发芽出土快,幼苗生长健壮,但抗旱、耐涝性较弱。种子休眠期短,成熟后如果收获不及时,很容易发芽。该类型品种的花生具有早熟、结果集中、籽粒饱满的特性,适合在无霜期短的地区种植。

④ 龙生型:主茎上完全是营养枝,本类型的花生多数匍匐生长,侧枝沿主茎向四周地面发展,结果范围不集中,属交替开花型。每果内含三四粒果仁。一般春播的花生生长期为 150～155 d。要求 10 ℃以上的积温 3360～3760 ℃·d。种子休眠时间长,发芽要求高温,发芽及幼苗生长都较慢。由于本类型的花生匍匐生长,有利于果针入土,抗旱性较强,适宜于干旱或沙土地区生长。

(2)光照与花生生长

花生原产于热带、亚热带地区,属于短日照作物。在适宜的温度条件下,每日 10 h 的光照较每日 14 h 的光照提前开花。但花生对日照长度不敏感,每天日照 6～24 h 都能开花。每日最适的日照时数为 8～10 h;日照时数多于 10 h 时,茎枝徒长,花期推迟;少于 6 h 时,茎枝生长迟缓,花期提前。光照强度对花生的生长影响明显,弱光照可以使侧茎顶端产生更多乙烯,从而使其生长更趋于直立,长出的叶片较大,植株较高;光照不足时,干物质积累减弱,开花量减少,固氮菌的固氮能力降低,影响荚果及其种子产量。光照充足,尤其是丛间二氧化碳的供应提高时,根瘤的数量和质量都会提高。花的开放对光照强度更敏感,早晨或阴雨天光照强度少于 815 cd/m² 时开花时间推迟。光照强度在 2.1 万～6.2 万 cd/m² 时,叶片的光合效率随光照强度的增加而提高,大于 6.2 万 cd/m² 时光合效率有所降低。花生要求的光照强度变幅较大,最适的光照强度为5.1 万 cd/m²,小于 1.02 万 cd/m² 或大于 8.2 万 cd/m² 都影响叶片的光合效率。

(3)气温与花生生长

① 出苗期。花生种子发芽最适合的气温是 25～37 ℃,低于 10 ℃或高于 46 ℃有些品种就不能发芽。花生春播要求地表 5 cm 处平均地温的最低适温是:早熟品种稳定在 12 ℃以上,中晚熟品种稳定在 15 ℃以上。

② 苗期。花生幼苗期最适宜茎枝分生和叶片生长的气温为 20～22 ℃,平均气温超过25 ℃可使苗期缩短、茎枝徒长、基节拉长,不利于蹲苗。平均气温低于 19 ℃时,茎枝分生缓慢,花芽分化慢,始花期推迟,形成"小老苗"。

③ 花针期。花针期最适宜的日平均气温为 22～28 ℃,低于 20 ℃或高于 30 ℃开花量明显降低,低于 18 ℃或高于 35 ℃花粉粒不能发芽,花粉管不伸长,胚珠不能受精或受精不完全,叶片的光合效率显著降低。

④ 荚果发育期。荚果发育的适宜气温为 25～33 ℃,15 ℃以下或高于 37 ℃不利于荚果发育。据日本研究,果针入土后 21～40 d 的气温与产量显著相关,此前后无显著影响。荚果发育过程中呼吸旺盛,40 ℃内每增高 10 ℃呼吸增强 1 倍,最大呼吸强度发生在 42 ℃左右。

(4)水分与花生生长

花生单位面积(667 m²)产荚果 250 kg 以上时,耗水约 290 m³,因此花生生育期间至少需要降水量 300～400 mm。花生各个生育阶段的耗水情况不同。

花生播种时需要的适墒是土壤含水量为田间最大持水量(沙土为 16％～20％,壤土为25％～30％)的 50％～60％,高于 70％或低于 40％花生都不能正常发芽出苗。因此,北方花生产区播前要耙耢保墒和提墒造墒。

幼苗期植株需水量最少,约占全期总量的 3.4％。适当的干旱有利于根系下扎,形成茎节短密的壮苗。最适宜的土壤含水量为田间最大持水量的 45%～55%,低于田间最大持水量的 35% 时,新叶不展现,花芽分化受抑制,始花期推迟;高于田间最大持水量的 65% 时,易引起茎枝徒长,基节拉长,根系发育慢、扎得浅,不利于花器官的形成。

开花下针期营养生长与生殖生长并进,需水量逐渐增多,耗水量占全期耗水量的 21.8%,最适宜的土壤水分为 0～30 cm 土层土壤的含水量为田间最大持水量的 60%～70%,可使根系和茎枝正常生长,开花增多。据山东省花生研究所研究,若土壤水分低于田间最大持水量的 40%,则叶片停止增长,果针伸展缓慢,茎枝基部节位的果针也因土壤硬结而不能入土,入土的果针也停止膨大。0～90 cm 土层土壤的含水量低于田间最大持水量的 32.2% 时,有效开花量明显减少,产量显著降低。中熟品种受干旱影响的程度比早熟品种大,饱果期也是如此。如果土壤含水量大于田间最大持水量的 80%,则茎枝徒长,根瘤的增生和固氮活动锐减。空气相对湿度对开花下针也有很大影响,当空气相对湿度达 100% 时,果针伸长量日平均为 0.62～0.93 cm;空气相对湿度降至 60% 时,果针伸长量日平均仅为 0.2 cm;空气相对湿度低于 50% 时,花粉粒干枯,受精率明显降低。

花生耗水强度最大的时期为结荚期,日耗水量可达到 5 mm,期间田间最大持水量宜为 70%～80%,低于 60% 即影响结实。荚果的大小适宜时,若生根层土壤水分适宜,即使结实层土壤水分偏低,荚果也可正常充实。因为花生下针结实需要持续一段时间,所以开花后的 50 d 内,荚果陆续成长对土壤干旱最敏感。也有试验指出,在土层深厚、植株生长茂盛的条件下,若此期早晨至中午叶片萎蔫、清晨能恢复正常,则生长虽然受阻,但对荚果充实影响不大。

但若水分过多,会促使营养生长过旺,田间渍水则对叶片和分枝的增长都起到抑制作用,使叶绿素显著减少、净同化率下降、开花减少。水分状况适宜也有利于种子产油率的提高,成熟期渍水对油分的合成不利,使种子含油量显著下降。

(5)空气与花生生长

花生种子发芽出土、荚果发育、根瘤菌的繁殖活动都需要良好的土壤通气条件。在土壤水分过多、氧气不足的条件下,花生进行缺氧呼吸,不仅释放的能量少,而且还会产生有毒物质,影响其生长发育。花生种子发芽出苗期间呼吸代谢旺盛,需氧量较多,而且从种子发芽到出苗需氧量逐渐增多。据测定,每粒种子萌发第一天的需氧量为 5.2 μL,第 8 天需氧量增至 615 μL,增加 100 多倍,种子发芽期间,若长期缺氧,易发生烂种。荚果发育过程中,浸在水中的果针、荚果易发育不良,造成渍水烂果。而土壤氧气不足,根瘤菌的活动减弱,数量减少,固氮能力弱,植株发育就会不良,因此在播前浅耕细耙保墒、播后遇大雨排水划锄松土,都是为了创造花生种子发芽出苗所需要的氧气条件。

(三)河南花生生产展望

河南省花生生产具有显著的区位优势,生态条件适宜,光热资源充足,雨热同期。河南省位于北亚热带向暖温带过渡地区,日照充足,降水充沛。年平均气温 13～15 ℃,无霜期 190～230 d,日照时数 2000～2500 h,全省年降水量 600～1400 mm,自南向北递减。花生整个生育期(4—10 月)的降水量占年降水量的 80%～90%。首先,由于雨热同期,加之充足的光照,大部分地区可以满足"小麦—花生"一年两熟种植模式的需求,因此对花生生产十分有利。其次,河南省多数耕地比较肥沃。再次,水资源较为丰富。河南境内有大小河流 1500 多条,全省多年平均水资源总量 405 亿 m³,同时地下水资源也较为丰富,基本可以满足花生生育期内灌溉需求。

在河南,花生是第一大油料作物和经济作物,在农村经济发展中具有重要的地位。2011—

2015 年河南省年均花生种植面积 103.8 万 hm^2、总产 462.36 万 t、单产 4455.03 kg/hm^2,种植面积、总产均居全国第一。特别是受玉米价格持续下降等因素的影响,与玉米、大豆、棉花等同期作物相比花生综合效益较高,近年来种植面积逐年扩大。2016 年发布的《全国种植业结构调整规划(2016—2020 年)》。明确提出,适当调减西北风沙干旱区、北方农牧交错区、东北冷凉区春玉米,以及黄淮海地区低产田的夏玉米面积,重点稳定发展油菜和花生生产。2016 年 9 月 21 日,河南省农业结构调整暨"三秋"生产现场会首次提出发展优质花生,并将花生作为压缩玉米种植面积后的替代作物。2017 年 1 月发布的《河南省"十三五"现代农业发展规划》提出,到 2020 年河南省优质花生种植面积发展到 166.7 万 hm^2 以上。因此,增加河南花生种植面积符合国家和河南省的产业政策,并且有利于调整优化种植业结构。

四、水稻

我国是世界上种植水稻历史最长的国家,又是栽培稻的主要发源地之一。水稻是河南省第三大粮食作物,主要分布于淮河、汉水和黄河三大流域的灌区,不同品种水稻所需气候条件及不同稻区的自然气候条件差异较大。

(一)水稻的生物学习性

水稻(*Oryza sativa* L.)是稻属谷类作物,原产于中国和印度,七千年前中国长江流域的先民们就曾种植水稻。水稻的生长从种子萌发开始需要经历一系列的生育时期,直到有新的种子成熟为止。这些时期大致可分为出苗期、分蘖期、拔节期、孕穗期、抽穗期、开花期和灌浆成熟期等。按照水稻各生育期的不同生育特点,一般可以将其划分为两个阶段,即水稻的营养生长阶段和生殖生长阶段。水稻营养生长阶段主要是水稻植株的营养器官(如根、茎、叶)生长发育的阶段,这个阶段一般包括从种子萌发到幼穗分化以前的时间,可以进一步分为出苗期、分蘖期和拔节期。水稻生殖生长阶段主要是水稻植株的生殖器官(如幼穗、花、种子)生长发育的阶段,这一阶段一般包括从幼穗分化开始到新种子形成的时间,可以进一步分为孕穗期、抽穗期、开花期和成熟期。

(二)水稻生长发育的气候特点

(1)热量条件与水稻生长

热量对水稻生长发育和产量形成起着决定性作用。不同品种所需要的积温差异较大。河南省早熟品种水稻从移栽到成熟需要 100~110 d,≥10 ℃活动积温 2200~2500 ℃·d,中熟品种需 120~130 d,积温 3000~3200 ℃·d,晚熟品种需 140~160 d,积温 3400~3800 ℃·d。河南省日平均气温≥15 ℃初日在 4 月下旬,终止日期,北中部在 10 月上旬,南部在 10 月中旬,初终日间隔天数 160~180 d。活动积温除山区外,全省均在 3900~4200 ℃·d,热量条件能够满足水稻需求。麦茬稻在 6 月 10 日前后移栽,至日平均气温≥15 ℃终日有 120~130 d,活动积温北中部 2900~3000 ℃·d,南部在 3100~3200 ℃·d,除豫西山区热量稍有不足外,其他各地都能满足麦茬稻生育需求(表 4-10)。

表 4-10　河南可供麦茬稻生育的天数和活动积温

地点	新乡	郑州	开封	南阳	正阳	信阳	固始	新县
日数(d)	121	121	122	129	126	126	132	128
活动积温(℃·d)	3003	2968	2985	3158	3122	3128	3208	3168

（2）水分条件与水稻生长

水稻需水量随气候、土壤、品种和种植方式而不同。有资料表明,麦茬水稻从移栽至成熟要求 550～700 mm 的降水量,前后两个生育期各占 20%～30%,而拔节至开花期占 40%～50%。河南省麦茬稻生长季节（6 月中旬至 9 月底）,全省降水量 380～550 mm,由南向北,自东向西递减（表 4-11）。5 月下旬至 6 月全省降水量偏少,是初夏少雨阶段,从 6 月下旬开始由南向北进入雨季,7—8 月降水量最多,9 月以后河南全省降水量普遍减少。降水地间分布特点基本与中稻需水规律一致,是河南省水稻生长的有利气候条件。因降水量年际变化大和降水量过于集中,往往造成降水不能充分利用。另外,不同种植形式,导致水稻的需水量和供水情况也不一样。在水稻生长期,省内大部分地区降水量不能满足水稻需求。以水稻生理需水的最低标准来衡量,淮河以北至沙河以南缺水 100～140 mm,豫北缺水 130 mm,黄河沿岸缺水 150～180 mm,因此河南省种植水稻单靠自然降水是不够的,必须要有灌溉条件才能满足水稻的需水要求。

表 4-11　河南麦茬稻水分状况（30 年平均）

观测点	新乡	郑州	开封	南阳	正阳	信阳	固始	新县
降水量（mm）	425	388	406	440	474	522	495	553
亏缺量（mm）	200	237	219	185	151	103	130	72

（3）光照条件与水稻生长

水稻为喜光的短日型作物,它对日照长度的敏感性因品种而异。一般说来,生育期愈长,感光性愈强。河南省主要水稻品种大田期对日照总时数的要求为:早熟品种为 650～700 h,中熟品种为 700～800 h,中晚熟品种为 800～850 h。据统计,各地 6 月 10 日—9 月底 30 年平均日照总时数为 750～820 h（表 4-12）,基本能满足水稻的要求。需要指出,秧田期阴雨寡照造成的烂秧死苗是不可忽视的。

表 4-12　河南麦茬稻大田期日照时数

观测点	新乡	郑州	开封	南阳	正阳	信阳	固始	新县
日照时数/h	807	816	788	789	799	804	808	748

五、棉花

棉花是一种喜光喜温的短日照作物,生长期和收获期均很长。全国棉花生态区域划分的主要依据是热量条件。黄滋康等采用≥10 ℃积温为主导指标,以≥0 ℃的日数和无霜期为辅助指标,将全国棉区划分为特早熟、早熟、次早熟（早中熟）、中早熟、中熟和晚熟 6 个棉花熟性生态区和 10 个亚区。河南地处暖温带与亚热带过渡地带,地跨长江流域和黄河流域两大棉区,植棉区多为冲积平原,光、热、水资源条件较好,自然条件适宜棉花生长发育,有利于棉花的优质高产,是全国棉花发展优势区域之一。

河南省地处亚热带和暖温带过渡地带,棉花生育期间降水量比南方少,主要棉区 5—10 月降水 470～630 mm,降水比较适宜。无霜期为 190～230 d,≥20 ℃期间的日数多年平均108～123 d。9 月、10 月大部分棉区干燥度在 1.3 以上,日照时数比南方多,光照条件好。6—10 月日照能够满足棉花对光能的需求。气温比北方高,春季气温回升快,夏季高温期短,秋季昼夜温差大,有利于棉花生长。

(一)热量条件

棉花喜温,适宜气温为 25～30 ℃,全生育期需≥10 ℃的积温 3500～4200 ℃·d。春季 5 cm 地温稳定通过 14 ℃时有利于种子发芽。在土壤水分适宜时(土壤湿度 18%～22%),棉花在日平均气温 10～12 ℃即可开始发芽出苗,最适宜气温为 25～30 ℃,超过 40 ℃不利于发芽,以土壤温度 15 ℃且有 5～7 个晴天播种为宜。若日平均气温在 20 ℃以上,且土壤水分适宜,出苗只需 4～7 d。若气温低,则出苗缓慢,易染病害,甚至引起烂种现象。如果气温低于 15 ℃,又多连阴雨,则对幼苗生长不利。当地面温度降到 3～6 ℃时部分叶子受冻害;降到 1～2 ℃,植株部分或全部冻死。河南省 4 月上中旬常有低温或霜冻危害,棉花在幼苗生长期间,必须密切注意低温霜冻害。

棉花出土生长速度与气温有关。16～18 ℃时,幼苗 10～15 d 开始长出第一片真叶,25 ℃时只需 7～10 d,14 ℃时需 20 多天。棉花进入现蕾期以后,温度高时,现蕾又快又多,最低气温不低于 19 ℃。现蕾初花期气温以 25～30 ℃最为适宜,在 25 ℃以上有利于生长发育。开花至吐絮生物学最低温度是 15～18 ℃,吐絮期气温以 20～30 ℃较适宜,低于 20 ℃成熟期后推,低于 15 ℃光合作用和有机物质转运受阻,并影响棉花纤维质量。这个时期气温日较差大对促进早熟有利。在沿淮淮北地区 5 月上旬后期及以后日平均气温都高于 18 ℃,最低气温都在 0 ℃以上,6 月份均在 24～27 ℃,因此,5—6 月有利于棉花生长发育。吐絮期天暖,昼夜温差大,气温在 25 ℃左右,有利于吐絮;若气温低于 12 ℃或高于 40 ℃,都会引起棉桃脱落。

(二)水分条件

棉花生长期长,叶面积大,耗水较多,一般需水量为 500～600 mm。播种时田间持水量 65%～80%对出苗有利。干旱时影响出苗,大雨则使棉田板结,潮湿缺氧,呼吸作用差,出苗受阻;阴雨连绵致根系发育不良,易感染炭疽、立枯等苗期病害。幼苗期需水不多,约占全生育期耗水量的 10%。现蕾期地上部分生长加快,需水量逐渐增加,始花至裂铃初期达最大值,这时的需水量是其一生中的一半以上。干旱或气温>35 ℃时会阻碍棉株发育,引起蕾铃大量脱落。但水分过多,棵间空气湿度增大,也易引起蕾铃脱落。进入吐絮成熟期后,需水逐渐减少,这时土壤水分以 55%～70%为宜。此时阴雨多、湿度大,易遭病虫害,发生僵烂铃,吐絮缓慢;土壤干旱又会使棉铃提前开裂,提前停止生长,降低产量和品质。

(三)光照条件

棉花是喜光性短日照作物。全生育期需日照时数 1600 h,适宜光照时间为每日 8～12 h,棉花对光合强度要求较高。苗期光照时间和光照强度,都会影响棉苗的生长发育。光照阶段一般在出苗后 30 d 左右完成。晴朗温暖的天气,苗期可大大缩短,否则连续阴天,光照不足,影响棉苗生长,推迟现蕾。进入花铃期(7—8 月),棉花大量现蕾、开花、结铃,需要有充足的光照,若此时光照不足,会使光合产物减少,抑制花粉细胞正常分裂,影响授粉,导致蕾铃脱落。长期光照不足,促使铃重减轻,衣分降低。吐絮期(9—10 月)营养生长接近停止,光合作用减弱,伏前桃逐渐成熟,秋桃陆续形成,是增加铃重,提高纤维品质的重要时期。日照充足,可以加速可溶性碳水化合物的转化,促使纤维形成,促使铃壳干燥,有利于裂铃吐絮。

(四)棉花生产分区

根据棉花对气候条件的要求,可将河南省棉花的生产分为三个区域:

(1)适宜区

适宜区主要集中在河南北部平原和南阳盆地。其中,豫北地区全生育期保证率 80%的降水量为 460～490 mm。相对棉花而言,春季降水过多,超过棉花正常生长所需的适宜水量,秋季降水骤减,不能满足棉花正常生长的适宜水量。该区降水适宜度在全省处于中等偏下水平,尤其是吐絮后期适宜度仅高于豫西丘陵地区,但全生育期内的降水适宜度季节变化比较平缓。该区年均气温 14～15 ℃,无霜期 204～240 d,全生育期积温大多在 4400～4500 ℃·d,热量资源充足,基本可以满足棉花的正常生长。受倒春寒和低温的影响,播种至出苗期的温度适宜度较低,对棉花生产有较大的限制。

南阳地区位于亚热带的北缘,地形背山向阳,热量资源丰富,气候温和。年平均气温在 15 ℃以上,无霜期 220～240 d,≥10 ℃积温为 4700～4800 ℃·d。播种—出苗期及吐絮期易受冻害。总体而言,该区温度适宜,由于 7—8 月降水量大,光照不足,吐絮期光照时数及强度降低,光照资源不能达到作物正常生长的要求,易受寡照危害。

(2)次适宜区

该区主要分布在中部、中南部和东部地区各市县。该区位于半湿润区南部,全生育期降水量为 600～800 mm,能够满足棉花生长的正常需水量。因水分的季节配置不好,春季有较多的水分盈余,秋季降水不足,降水适宜度的季节变化明显,夏季高于春、秋季。豫中是华北平原的南界,全生育期积温 4500～4600 ℃·d,热量条件略逊于淮南。播种至出苗期的低温冻害对本区的棉花生产有较大的限制作用。该区阴雨天气少于淮南区,雨量少于西部山地,光照资源基本能满足棉花生长发育的需要,全生育期各旬大部分光照适宜。秋季虽阴雨天气减少,但光照时数下降幅度大于适宜光照时数的下降幅度,适宜度随之下降。

(3)不适宜区

该区主要分布在淮河以南地区。淮南属亚热带气候区,雨量充沛,全生育期降水量 850～1050 mm,大于棉花正常需水量。该区降水适宜度有较明显的季节变化,尤其是播种至出苗期水分盈余量大,适宜度较低。年平均气温在 15 ℃以上,大部分地区的全生育期积温达到 4600 ℃·d 以上,热量资源丰富,从出苗后期直到吐絮前期适宜度均较高,但播种期和吐絮后期的低温天气对棉花生产仍有一定的限制作用。该区温度适宜度的季节变化较河南省其他地区和缓,均值较高,而极差较低。该区的阴雨日数多,光照资源不足,是该区光照适宜度较低的主要原因。淮南区的光照适宜度在全省处于较低的水平。

棉花栽培中最严重的问题是病虫害及农药使用。从棉花播种时就要用药物对种子处理,出苗后若有蚜虫等病虫危害,也要用农药,之后的几个发育期均会有不同病虫害,均需要用农药,直到收获期用药才结束。如此用药,不仅使棉花品质下降,还浪费了大量的人力与资金,也污染了空气,影响到人类身心健康。有资料显示,打过农药的棉花籽榨成的棉籽油严重影响人类生育。上述问题造成棉花播种面积逐年下降,使农民种植棉花意愿降低。

第四节　森林气候分析

随着社会发展,人类对森林重要性的认识不断加深,森林不仅可以为人类提供木材和其他林产品,还可以调节气候、涵养水源、保持水土、防风固沙、净化空气、减少噪声、防止污染、保护和美化环境以及保护生物资源。目前各界对森林及其培育都非常重视。深入研究森林与环境相互之间的关系,掌握其生长发育规律,是使林业很好发展并造福于人类的前提。

河南省地处中原,属南北气候过渡地区,林木种质资源十分丰富。根据《中国树木志》记载,全国有原产和引种栽培的树种近 8000 种,河南省占 15% 左右。其中杨、槐、柳、榆、楝、椿等为河南省乡土树种,其适应性强,在河南省种植时间悠久,本书不再赘述。这里仅就河南省近年发展较快的泡桐、毛白杨、落叶松、美国竹柳(简称"竹柳")、辣木等主要树种进行气候条件分析。

一、泡桐

(一)泡桐的生物学习性

泡桐(*Paulownia*)属于玄参科泡桐属植物,原产于我国,在我国已有 2000 多年的栽培历史,泡桐是落叶大乔木,树干通直,树冠宽阔,树花美观,是中国特产的速生优质用材树种之一。泡桐分布广泛,北起辽南、北京、延安一线,南至广东、广西,东起台湾,西至云贵川。河南省是最适合泡桐生长发育地区之一,豫东、鲁西南为泡桐中心产区。

(二)泡桐生长的气候条件

(1)光照条件

泡桐属强阳性树种,侧方稍有遮阴就造成明显的偏冠现象,树干遮阴面年轮较窄,另面较宽,相差可达 30% 至 1 倍以上,直到泡桐高出侧方遮阴后,年轮生长才接近均匀。冠顶如遇遮阴,就生长不良。若长期光合作用制造的有机物质补偿不了呼吸作用所消耗的有机物质,器官长期处于饥饿状态,树木就趋于死亡。生产实践中,如果造林密度过大,泡桐林冠的下层侧枝枯死现象严重,林木分化也较早,出现自然稀疏。

泡桐枝大叶疏,不耐庇荫,对光照有较高的要求,形成了一系列强阳性树种的生态特性。泡桐单叶对光吸收率高,透过率和反射率较低,但整个树冠结构枝叶密度小,叶面积系数小,树冠具有较高的透光率,为复合群体结构中其他树种(或作物)的生长提供了条件。

(2)水分条件

泡桐喜湿怕淹,具有较大叶面积,需要较多水分,因此降水多少直接影响到泡桐生长的好坏。一般说来,在不进行人工灌溉的地方,降水量 500~600 mm,就可以基本满足泡桐生长的需要;降水量为 1000 mm 左右,对泡桐的生长更为有利;但降水量过大,且无排水条件,也会成为泡桐生产的限制因素。从泡桐对水分的要求看,河南省较为适宜,全省年降水量为 600~1200 mm,且多集中于泡桐旺盛生长的夏季。如河南豫东民权县年降水量为697.6 mm,而 5—9 月份降水达 574.1 mm,占全年降水的 82%,可满足泡桐迅速生长期间对水分的要求。

(3)温度条件

一般来说,泡桐适宜生长的日平均气温为 24~29 ℃。适宜气温持续时间越长,对泡桐的生长越有利。河南省春季气温回升快,大部分地市 5 月日平均气温即可达到 20 ℃,到秋季 9月底以后才低于 20 ℃,其间持续日数可达 150 d 左右,特别是夏季气温均在最适宜的范围,所以河南省泡桐生长普遍良好。一般认为,当最低气温在 −25 ℃ 以下时,泡桐即可遭受冻害。河南省从来没有出现过低于 −25 ℃ 的低温,所以河南省泡桐越冬条件好,基本无冻害发生。当气温超过 38 ℃ 时,泡桐生长受阻。河南省虽有极端最高气温超过 38 ℃ 的地方和年份,但持续天数很少,故河南省泡桐因气温过高使其生长不良的现象也很少。

河南省热量、水分和光照条件均可满足泡桐对气候条件的要求,所以河南省泡桐不论栽培面积和产量,均居全国首位。例如长势喜人的扶沟县包电乡泡桐 22 年生树高就达

8 m,胸径达 64 cm,材积为 3.86 m³。河南省应发挥这一优势,为我国林业发展做出更大贡献。

(三)泡桐用途及发展前景

泡桐是一种经济的速生树种,生长非常快速,叶、花、果、树皮、木材均可入药,具有清肺利咽、解毒消肿的功效,主治肺热咳嗽、菌痢、急性肠炎、急性结膜炎、腮腺炎、疮癣等症。近年来,国内利用泡桐叶为主要原材料研究加工而成的烧伤油,其技术水平国际领先,填补了高端烧伤烫伤药品的市场空白,国家食品药品监督管理局下发药品的批准文号,已进入批量生产。泡桐材质导音性强,不论天气如何变化,均可稳定音色,故有"琴桐"之称。如扬琴、琵琶、柳琴乃至秦胡等,都以桐木为板面,是乐器的理想材料。桐木不易劈裂,易加工,易雕刻,易染色,在建筑上可作梁、檀、门窗、天花板、瓦板、房间隔板等。由于它还具有不透烟、隔潮、不易虫蛀等优点,在日常生活用品方面,是制造高档家具、文化用品、体育器材等的好材料。泡桐家具在日本是畅销的高档商品。在军事和工业方面,由于泡桐木材比一般木材轻,故可用来做航空模型、精密仪器外壳,客轮及客车内的衬板,航空和水上运输包装箱,以及高级纸和工艺品等。近来,有人又把泡桐和铝合金匹配成双,用在飞机和潜艇上。

此外,泡桐生叶晚,落叶晚,根系深,树枝稀疏,是一种特别适合间作的树木。泡桐间作改良了作物的小气候,使产量显著增加。由于泡桐能适应广泛的土壤和气候条件,因此,泡桐还可以用来建立平原防护林、防风林和固沙林,在改善生态环境、保障粮食安全、出口创汇和提高农民收入等方面起着重要作用。焦裕禄曾经带领兰考县人民种植泡桐树而改变了贫穷落后的面貌。

河南农业大学对泡桐的研究起步最早,1962 年成立了河南农业大学泡桐研究所,以蒋建平教授为首的专家建立起了一支强大的泡桐研究团队。研究和解决了制约泡桐发展的一系列技术难题。目前河南农业大学范国强教授团队针对普通泡桐大冠低干、丛枝病发生严重、木质差等问题,利用现代生物技术手段与常规育种技术相结合的方法,实现了泡桐研究的四大创新:一是首次建立了四倍体泡桐种质创制体系,创建了世界上第一个四倍体泡桐种质资源库,为林木多倍体育种提供了技术支撑。二是培育出 5 个优势突出、特性优良的四倍体泡桐新品种,新品种具有适应性广、抗逆性强、材性优良、自然接干率高(90%以上)、8 年生四倍体泡桐丛枝病发病率低、抗逆性强和材质好等优良特性,解决了现有二倍体泡桐品种生产中存在的自然接干率低、抗逆性弱的问题;三是阐明了二、四倍体泡桐的分子遗传差异以及四倍体泡桐新品种优良特性的分子机理,绘制了世界上第一张白花泡桐基因组精细图谱,揭示了不同种泡桐的遗传进化亲缘关系,引领了泡桐基础生物学研究的方向;四是创建了一套四倍体泡桐苗木繁育和丰产栽培技术体系,提升了泡桐栽培的科学化和标准化水平,为泡桐新品种大面积推广应用奠定了基础。

二、毛白杨

(一)毛白杨的生物学习性

毛白杨(*Populus tomentosa Carr.*)产于我国,其树干通直,姿态雄伟,生长迅速,适应性强,材质优良,寿命长久,广泛栽培于华北平原,是营造速生用材林、农田防护林以及城镇绿化等重要优良树种。

毛白杨形态特征:落叶乔木,高 30 m,胸径 2 m。树冠卵圆形或卵形。树皮青白色,平滑,具菱形皮孔;老树基部黑灰色,纵裂。小枝及萌枝幼时有毛,逐渐脱落。长枝及幼树叶三角状卵形或近圆形,叶背密被白茸毛,后渐脱落;短枝叶三角状卵形或卵圆形,较小,叶缘具不规则波状顿齿,叶背初被短茸毛,后近无毛;叶柄则侧扁,花期在3月,果期在4—5月。

(二)毛白杨生长的气候条件

毛白杨属于我国特有树种,主要分布于黄河流域,北至辽宁,南达江苏、浙江,西至甘肃东部,西南至云南。

毛白杨属于喜光树种,要求凉爽湿润气候,全年平均气温11～15.5 ℃(新近培养的抗寒品种可略降低),年降水量500～800 mm;对土壤要求不高,中性至微碱性土壤均可生长,在深厚、肥沃、湿润又排水良好的壤土或上壤土上生长更佳,在特别干瘠或低洼积水的盐碱地生长较差。具有抗风、抗烟尘、抗大气污染的特性。生长较快,15年生树高达16 m,胸径20 cm。寿命较长,约200年。

野生资源雌株少,雄株多,播种繁殖分化严重,故实践中经常选择优良品种进行营养繁殖,常用方式有扦插、埋条、根蘖、嫁接等,以扦插应用最多。

(三)毛白杨的繁殖技术

毛白杨的繁殖方法很多,这里仅介绍插条繁殖。

(1)采条。①选好母树:母树具有优良的遗传品质,材质优良,结果量多,无病虫害。最好选基部萌发条,或1～2年生的苗干。②适时采集:从落叶后到发芽前均可采集,北方最好在结冰前采集,许多常绿树种可以在芽苞开放之前采集,此时生根率高。

(2)插条截制。长度要以树种生根快慢及环境条件而定,落叶阔叶树可长些,一般要保留2～3个芽,长度一般为5～30 cm。粗度是小头直径0.5～1.5 cm为宜。上切口一般为平式,距第一个芽1 cm处剪平。下切口为平切口或斜切口。

(3)插穗贮藏。条件是温度0～5 ℃,湿度60%,透气。方法分为室内和室外贮藏。室外窖藏:选地势高、排水良好的背阴地,挖宽1～1.5 cm、长不限、深0.8 cm的沟,用于藏枝条。

(4)扦插技术。①整地作床或作垄:整地前要施足基肥及土壤消毒。②扦插时间:硬枝以春插为宜,可在土壤解冻后芽萌动前扦插,一般在2月底至3月初。③扦插方法:直插法、开缝插、开沟插、泥浆插。④扦插深度:与扦插时间、插穗长度、土壤质地有关。秋插要深,春插浅;长穗深些,短穗要浅;黏土要浅,沙土要深些。⑤角度:直插和斜插。⑥扦插密度:与生长速度、苗木规格、产量、土壤肥力及苗木管理使用工具等有关。一般株距8～60 cm,行距20～80 cm,毛白杨每666.7 m² 4400株。

(5)插后管理。①浇水:一般在插后到成活前浇1～2次透水,成活率95%～100%。②抹芽:苗高30 cm时,去掉萌发的嫩枝或芽。③施肥:毛白杨6月后连续追3次肥(间隔15～20 d),硫酸铵每次每666.7 m² 施用10～15 kg,生长后每666.7 m² 施用10～15 kg 草木灰(钾肥)。④病虫防治。⑤中耕除草。

(四)毛白杨的栽培

我国栽培毛白杨的历史悠久,栽培经验丰富。我国古籍关于(毛)白杨生物学特征、适生条件、育苗和造林技术、抚育管理,木材与用途等,均有精辟的全面总结或记述。《齐民要术》中关于(毛)白杨育苗、造林和经营的记载颇为详细而具体,为我国(毛)白杨的发展做出了宝贵的历史贡献。

《诗经》秦风篇:"阪有漆,隰有栗……,阪有桑,隰有杨";小雅篇:"南山有桑,北山有杨……";菁菁者我篇:"汎汎杨舟,载沉载浮……"等。这是我国杨树栽培史上最早、最可靠的记载。总之,两千年前的黄河中下游的山地、丘陵和平原,广泛分布和栽培着杨树。

世界上,我国进行毛白杨分类研究最早。据记载,毛白杨始于西晋。崔豹撰写的《古今注》中有:"白杨叶圆,青杨叶长……,(白杨)弱蒂,微风则大摇……"的记载。嗣后,明·朱橚撰《救荒本草》(1406)中有:"白杨此木高大,皮白似杨,叶圆似栾,肥大而尖,叶背甚白,叶边锯齿状,叶蒂小,无风自动也";明·李时珍撰《本草纲目》(1578)有"白杨木高大,叶圆似栾,而肥大有尖,面青有光,背甚白色,木胱细白,性竖直,用力拱梁,终不曲绕";明·王象晋撰《群芳谱》有:"杨有二种:一种白杨,叶芽时有白毛裹之,及尽展似栾叶,而稍厚大,浅青色,背有白茸毛,两两相对,遇风则簌簌有声。人多种植坟墓间,树茸直圆整,微白色,高者十余丈,大者径三四尺,堪栋梁之任。……";徐光启撰《农政全书》(1639)记载:"白杨树 本草白杨树,归不载所出州土,今处处有之,此木高大,皮白似杨,故名,叶圆如梨,肥大而尖,叶背甚白,叶边锯齿状,叶蒂小,无风自动也,味苦性平无毒",并附白杨树插图。清·吴其濬撰《植物名实图考长编》(1848)中将我国历史上关于毛白杨的形态记述、育苗经验和栽培技术进行了较严密的考证和总结,把白杨的生产提高到一个新的水平。

总之,可以得出:"白杨"实指毛白杨。所以 L·Henry 认为,"白杨是中国人给毛白杨起的名字"。我国进行毛白杨形态描述和研究比 Carriere(1867)发表毛白杨新种时早 1500余年。

根据徐纬英等对毛白杨阶段发育研究成果,毛白杨在北京是在 10 月中旬进入低温期,到12 月下旬(25 日)就满足了它的低温要求;毛白杨的花芽在发育过程中需要一定量的低温,所以毛白杨的自然分布区就不可能太靠南,当北京最冷月(1 月)来到前,毛白杨已完成了低温阶段,所以其分布区又不会太北,因此它的原产地和最适宜生长地为我国华北中部,淮河平原和黄河下游两岸的冲积土地一带,即年平均气温为 14~16 ℃,降水量 200~700 mm,土壤为石灰性冲积土的地区。

毛白杨在我国栽培范围很广,分布在 30°~40°N,105°~125°E,即北至辽宁南部、河北北部、宁夏南部、陕西中部、山西中部,西至甘肃东南部的天水、镇瓦等县,南达浙江、江苏、湖北等省,其中以河南中部和北部,河北中部和南部,安徽西北部,山西南部以及陕西渭河流域的关中平原栽培最广,株数最多,生长最好,是毛白杨适生栽培地区。

毛白杨在我国已有两千多年的栽培历史,我国历代林学专家学者也曾培育出很多优良品种。目前育有箭杆毛白杨、河南毛白杨、密孔毛白杨等品种,可在各地推广应用。

(五)毛白杨的造林

为推广毛白杨优良类型,应建立毛白杨良种繁育基地和示范推广基地。

(1)适地适树。为保证毛白杨优良类型造林后迅速生长,以避免"小老树"现象的发生,应根据各地区的气候、地貌、土壤、地质、水文、植被等复杂综合因子,选择合适品种,凡是土壤肥力中等的地方,以推广箭杆毛白杨为宜。

(2)壮苗造林。壮苗是实现毛白杨优良类型速生丰产的基础。由于毛白杨多采用植苗造林,所以苗木质量,不仅直接影响造林成活率,而且也关系到以后的生长速度和抗病虫害的能力,因此在造林时必须选用优质壮苗。

(3)科学造林。丰产林采用挖一米见方的大坑,每穴施腐熟土杂肥 25~50 kg,饼肥 1~

1.5 kg,磷肥 0.5～1.0 kg,与表土充分拌匀后填入坑内,"四旁"及农田林网立地条件较好的地方,挖坑 80 cm 见方,采用先挖坑后造林的办法;土壤瘠薄的河滩沙地,造林前种一次绿肥压青,以提高土壤肥力。有条件的地方每坑施粗肥 25～35 kg,然后进行造林;对于杂草丛生的荒滩地,采用伏耕,消灭杂草,然后挖坑施入基肥,再进行造林。

(4)造林时间。造林季节采用春、秋两季。春季造林在土壤解冻后开始,一般是 2 月下旬到 3 月中旬;秋季造林在 10 月下旬到土壤封冻前,造林过早,苗木木质化程度较差,过晚,地温下降,不易促使新根生长,成活率也较低。

(5)抚育管理。①及时灌水:毛白杨造林一般采用春季造林较多。由于春季雨水偏少,空气干燥,对新栽植的幼树应及时浇透水。及时浇水对提高毛白杨优良类型的造林成活率和保存率非常重要。②松土锄草:松土锄草可以消除杂草,疏松土壤,改善土壤透水性和透气性,利用蓄水保墒,提高土壤肥力,促进幼树生长。③正确修枝:为了增加毛白杨光合作用面积和光合产物,保证毛白杨生长发育,对新植 1～5 年的幼树一般不修枝,但对竞争枝、病枝、密枝进行适当疏除。5 年以上的毛白杨的大树,要对下部枝条适当疏掉,经过处理修剪,让树冠占树高的二分之一以上,修枝以秋季进行为好。④病虫害防治:优良树种一般抗锈病能力较强,感病率较低,但生长不良的植株也有部分感染锈病。应在早春及时检查,发现病芽或病叶立即摘除,挖坑深埋,一般采用 0.3% 的氨基苯磺酸及其钠盐、铜盐等化学试剂种类防治。

(六)毛白杨的用途

毛白杨材质优良,用途广泛,深受欢迎。其木材纹理直,结构细,是我国杨属杨树中木材物理学性质较好的一种,同时易干燥,不翘裂,旋、切、刨容易,胶合及油漆性能良好,木材纤维优良,是椽、梁、柱等建筑良材,是箱、柜、桌等家具用材,也是造纸、人造纤维、胶合板等工业优质原料。

毛白杨幼叶可食,以作救荒。如"白杨叶,善飘飘,荒亭古树风萧萧,年来儋石无余,粟采用晨餐糜粥"(《救荒野谱》);"白杨食叶,其木处处有之。叶圆如梨,叶无风往往独摇,采嫩者可以救荒"(《救荒本草》);白杨叶"食谱采嫩者炒熟,作为黄色,换水淘去苦味,洗净,油盐调食"(《野菜博录》)等。

白杨可治疾病。如《唐本草》记载,"白杨树皮味苦,无毒,主治风脚气肿,四肢缓弱不随,毒气游弋在皮肤中,痰癖等,洒渍服之";《本草拾遗》中记载"白杨去风痹,宿血,折伤,血凝在骨肉间,痛不可忍,及皮肤风瘙肿,杂五木为汤,外浸损伤";《齐民要术》记载白杨"皮可捣敷热毒,金疮"等。

毛白杨树形高大,树姿雄伟壮丽,是绿化城乡和营造农田防护林的重要树种之一。董中强等(1980)从 20 世纪 70 年代起,就在河南省豫东商丘、睢县、民权等地长期对农桐间作效益作了大量的调查研究,80 年代,在新郑、中牟、西华等地作了枣农间作的研究,在修武、博爱作了柿农间作的调查研究。他和他的团队在 1983 年对林农间作典型先进县豫北修武小文案村杨农间作作了深入细致的研究,发现这里的 10 年生毛白杨立木蓄积 1.0 万 m³,价值达 100 万元以上,除自用外,还支援他地木材 3000 多 m³。据实地观测,毛白杨林网内,日平均气温比空旷地低 0.5～1.6 ℃,风速平均比空旷地的低 41.0%,空气相对湿度比空旷地的提高 22.5%,从

---

[*] 四旁指村旁、宅旁、路旁和水旁。

而降低了干热风危害,使小麦平均增产幅度提高 5.4%,平均每 667m² 增产 16.18 kg。按此估算,华北平原小麦年增产可达 4 亿 kg 以上,经济效益达 10 亿余元。

此外,毛白杨在防风固沙、防冲护岸、保持水土、防止污染、美化环境,以及维持和恢复生态平衡,提供农村能源等方面也有显著的作用。

三、落叶松

(一)落叶松生物学习性

落叶松(*Larix gmelinii*(*Rupr.*)*Kuzen*)是松科,属乔木,高度可达 35 m,胸径达 90 cm;幼树树皮深褐色,枝斜展或近平展,树冠卵状圆锥形。

落叶松是中国大兴安岭针叶林的主要树种,木材蓄积丰富,也是该地区荒山造林和森林更新的主要树种。木材略重,硬度中等,易裂,边材淡黄色,心材黄褐色至红褐色,纹理直,结构细密,比重 0.32~0.52,有树脂,耐久用。是房屋建筑、土木工程、电杆、舟车、细木加工及木纤维工业原料等用材。树干可提取树脂,树皮可提取栲胶。

(二)日本落叶松生长的气候条件

目前河南省落叶松树种有华北、长白、兴安、朝鲜和日本落叶松等,其中以日本落叶松最优,近年来发展较快。

日本落叶松是一种优质、速生、丰产树种。它具有生长快、材质好、耐腐性强等特点,为优良建筑和桥梁用材。在日本多分布于本州中部,即 35°8′~38°5′N,海拔 1000~2000 m 的山区。日本落叶松为喜光树种,对气候的适应性较强,在年平均气温 2.5~12.0 ℃,年降水量 500~1400 mm 的山区均能生长。在气候凉爽、空气湿度大、降水量较多的地区生长良好。但在风大、干旱、土层瘠薄、排水不良的地方,会有生长不良的现象。

(三)河南引种日本落叶松的气候分析

我国引进已有几十年的历史,河南省引种最早的地方是卢氏县淇河林场。1960 年春,从朝鲜进口种子,当年育苗,第三年春造林。淇河林场位于豫西伏牛山分水岭南侧,33°7′N 左右,海拔 1000~1800 m,年平均气温 8.5 ℃,年降水量 800~1000 mm,生长期为 150~160 d,弱酸性土壤,土层厚 30~80 cm,湿润,排水透气性好,表层腐殖质丰富。其气候条件与日本本州中部山区气候条件很相似,所以日本落叶松在这里长势喜人,甚至生长速度超过原产地日本。湛河林场引种日本落叶松的成功,引起了国内林业专家和科技工作者的高度关注,到卢氏县淇河林场参观学习的省内外领导和林业科技工作者络绎不绝,使日本落叶松的引种推广工作在伏牛山其他县如栾川、嵩县等迅速开展。据不完全统计,全省已推广 2667 hm² 左右,卢氏已有 1333 hm² 以上。据卢氏县林业局调查,日本落叶松造林后 4~5 年后即可郁闭成林,8 年后郁闭度达 0.9 以上。此时,树冠重叠,下部枝叶逐渐枯落,林下枯枝落叶层 1~2 cm,杂草灌木明显减少,形成新的森林生态环境。

据卢氏县淇河林场对大块地 25 年生落叶松林分调查,平均树高 21.9 m,年均生长量 0.88 m;平均胸径 19.8 cm,年均生长 0.79 cm;最高树高达 38.7 m,最大胸径 48 cm。活立木蓄积平均每公顷 347.3 m³,年平均生长量为 13.89 m³/hm²。

河南省在引进日本落叶松的同时,还引进了华北、长白等落叶松,其分布范围主要在豫西伏牛山区,大体为 110°21′~112°07′E,33°33′~34°33′N,海拔 800~1900 m,从海拔高度看,1000 m 以上(1900 m 以下)比 1000 m 以下(800 m 以上)更适合落叶松生长。就品种而言,日本落叶松生长最好,长白落叶松次之(表4-13)。

表 4-13　三种 15 年生落叶松的生长状况调查

品种名	树高		胸径	
	平均树高(m)	平均生长量(m)	平均胸径(cm)	年均生长量(cm)
日本落叶松	14.0	0.93	18.8	1.30
华北落叶松	8.8	0.58	10.3	0.69
长白落叶松	9.8	0.65	11.0	0.73

据有关资料表明,河南省日本落叶松生长状况优于日本原产地。同是20年生的日本落叶松,原产地日本平均树高13.8 m,胸径14.7 cm,而卢氏淇河林场的平均树高17.1 m,胸径为19.3 cm,且病虫害较轻,分析其原因可能是豫西伏牛山区光照条件好于原产地。伏牛山区年日照时数为2100 h,而日本受海洋性气候影响,阴雨天气多,日照时数为1973 h,加之豫西伏牛山区土壤条件较原产地好,所以日本落叶松长势优于原产地。

从上述河南省日本落叶松气候分析可以看出,河南省海拔800 m以上山区均可大力发展,而以海拔1000 m以上地方最为适宜。

四、竹柳

竹柳是新的柳树杂交品种。竹柳用途广泛,是工业原料林、中小径材栽培、行道树、园林绿化和农田防护林的理想树种。

(一)竹柳的生物学习性

竹柳又名速生竹柳,是杨柳科(Salicaceae)柳属植物。乔木,生长潜力大,高度可达20 m以上。树皮幼时绿色,光滑。顶端优势明显,腋芽萌发力强,分枝较早,侧枝与主干夹角30~45°。树冠塔形,分枝均匀。叶披针形,单叶互生,叶片长达15~22 cm,宽3.5~6.2 cm,先端长渐尖,基部楔形,边缘有明显的细锯齿,叶片正面绿色,背面灰白色,叶柄微红较短。竹柳适应性较强,栽培地区范围跨度较大。由于我国从南至北各地区气候条件存在一定差异,竹柳在各地的物候期相差20~30 d。按竹柳的生长发育特点,可将其全年的生长发育过程划分为五个阶段:萌动期、春季盛期、夏季盛期、越冬准备、休眠期。

(二)竹柳生长的气候条件

(1)光照条件

优良的速生树种一般具有较高的光合作用和光合效率,以维持快速生长及树体的高纤维素含量。竹柳枝条全部向上生长,侧枝与主干夹角小,分枝均匀,更耐密植,树体形态比其他柳树具有更高的光合效率。在生长期日照不少于1400 h的地区生长迅速。

(2)温度条件

温暖的气候条件有利于竹柳的速生。竹柳生长期长,8月、9月也有较大的生长量。竹柳耐寒性强,能耐-30 ℃的低温,在7 ℃以上就可以生长,适宜生长气温为15~25 ℃。竹柳苗能否安全越冬,不取决于极限低温,在于落叶前的木质化,落叶前高温转低温梯度不能太大。试验证明,竹柳可耐-35~-30 ℃低温,但新梢或幼树尚未木质化时,部分易受局部冻害。第二年抗寒性显著增强,在-20 ℃区域,竹柳皆能正常生长,在高寒地区的生长量低于气温适宜竹柳生长的地区。竹柳在气温高于35 ℃时,如果日夜温差<10 ℃,有可能出现热休眠现象,

此期间苗木生长量下降,日夜温差>10 ℃时,竹柳正常生长。

（3）水分条件

竹柳有气生根,耐水淹能力强。试验表明,竹柳可忍耐两个月以上不过顶的深水淹,或浅水地造林全年泡水不至死亡,但生长量下降。而其他速生树种水淹一个月即出现枝叶枯萎等厌氧症状。土壤湿度适中时竹柳生长迅速。当土壤湿度降到40％以下时,生长受到抑制。在有条件灌溉情况下,当土壤湿度降到30％以下时,就及时浇灌,以保证竹柳的正常快速生长。竹柳在湖泊滩涂、"四旁"、庭院等土壤墒情理想、地下水位适中的地块种植优势明显。

（4）土壤条件

竹柳喜土壤肥沃的土地,土壤有机质含量在2％～10％的地块生长迅速。竹柳在土壤孔隙度50％、透气、保水性良好的沙壤土中生长速度最快,在沙土、黏土中的生长速度次之。

（三）材质及用途

由于竹柳通过染色体加倍实现了倍性优势和杂种优势,因此与一般的杂交育种树相比,不仅生长速度快,还具有明显改良的木材特性,尤其适合生产纸浆材,是造纸的优良原料。5年生竹柳木材平均基本密度为0.4268 g/cm³,欧美等国家用于造纸材的欧洲树种的纤维素含量仅为48.26％,而竹柳的纤维素含量可达68.47％,综合纤维素含量为89.8％,因此成浆效率高,其中机械浆为92％～95％,化学浆为52％,磨浆能耗比一般造纸树大约低18.2％,比黑杨派低26％以上。5年生竹柳纤维平均长度为1.26 mm,而且长度分布均匀,长宽比值大,达49.2;纤维细胞壁薄,壁腔比小,仅为0.68。这些指标明显优于其他树种品系。其本色浆白度为56％～58％,达到了新闻纸张水平,易于漂白,有利于配抄白度较高的纸张,减少了漂白和污染治理费用,化学品消耗可节约48％以上,对环境起到保护作用。可作为生产新纸和百年不变色的高级档案纸用材以及高档家具框材、高档装饰板材用材。采用竹柳木材造纸填补了我国高档纸张用材的空白,具有较高的经济效益。

引种是改变农业生态的一个重要途径。在当前树种单一、树龄老化的情况下,林业也需要引种。竹柳是我国从美国引进的一个新型树种,经过多年的培育和在我国南北多地种植后,表现良好,特别是在河南商丘表现尤为突出,优势明显。第一是适应性强,竹柳具有抗盐碱、抗旱、耐涝、抗寒、抗病等特性,对土壤要求不高,栽植成活率高,且虫害明显少于杨树。第二是美化环境无污染,竹柳树干通直,树冠呈塔型,叶形如竹叶,树形美观适合道路密植;叶片可吸收工业生产中排放的有害气体及汽车尾气,根系可过滤吸收、消除大部分氮磷钾,分解土壤中的重金属成分,对净化空气、防治污染、改善生态条件、保护环境有一定作用。第三是竹柳生长速度快、材质价格高,木材不空心、不黑心,从外到芯色度洁白,木制细密均匀,是上乘的工业造纸、包装业和建筑业用材,市场需求量大,经济效益高,发展竹柳能达到以树养路的效果。

五、辣木

辣木是一种有独特经济价值的热带植物,用途广泛,有着潜在的食用价值和悠久的利用历史,其营养异常丰富而全面,是目前已发现的好植物蛋白、维生素、叶酸、泛酸、钙、铁、硒等多种营养素来源,且具有神奇的医疗保健功效。辣木已被广泛引种至亚洲、非洲、美洲等许多热带、亚热带国家和地区,并日益受到全世界相关学者的重视。

(一)辣木生物学习性

辣木(*Moringa oleifera Lam*),又称为奇树、鼓槌树,为辣木科辣木属植物,属小乔木植物,常绿或半落叶,原产于印度。为多年生热带落叶乔木,广泛种植在亚洲和非洲热带和亚热带地区,全世界约有 14 个辣木品种。其中研究和利用最多的是多油辣木,主要分布在我国的云南,贵州、广东、广西、海南、台湾等省区。

多油辣木高 3～12 m,树干直径可达 20～40 cm;树冠伞状,主枝纤细下垂,伸展无规律;材质柔软,树皮软木质,富含树脂;树枝表皮有明显的皮孔和叶痕,小枝有短柔毛;根系粗大,无明显的主根,分布较深,主要分布在 20～70 cm 的土层;根系横向扩展不大,120～160 cm 宽;根皮辛辣、刺激。叶一般为 3 回羽状复叶,羽叶 4～10 对。花白色或红色,两性,两侧对称,花萼环状,5 裂,花瓣 5,不相等,下部的外弯,上部一枚直立。果实为长而具喙的蒴果,初期紫红色,1 室,3 瓣裂,每瓣有肋纹 3 条,长 20～70 cm,直径 2.5～3.0 cm。种子近球形,褐色,有3 棱。

(二)辣木生长的气候生态条件

辣木属于热带植物,但其适应强,对气候、土壤等环境要求不严格,大量资料报道辣木能在我国云南、海南、广东、贵州、四川等省的热带、亚热带地区正常生长并开花结果。也有被引进到暖温带和温带地区种植的报道。

(1)气候条件

辣木生长温度为 10～40 ℃,所需年降水量为 300～3000 mm,生长适宜温度 18～32 ℃和适宜年降水量为 800～1800 mm,能忍受 53 ℃的高温和 5 ℃低温,也耐受轻微的霜冻和较长时间的干旱。由于辣木树枝较脆,要求无大风天气。

(2)土壤条件

辣木对土壤质地和酸碱度要求不严,能在 pH 4～9 的各种土壤中生长,适宜生长条件是:pH 5～6.5、土层深厚、疏松肥沃、地下水位低和排水良好的壤土或沙壤土。

根据辣木生长对气候的要求,依据选定的主要气候指标,将辣木在我国华南及西南地区的种植区划分为适宜区、次适宜区和不适宜区(表4-14)。适宜区包括海南、广东、广西、福建和台湾五省区,云南、四川、贵州等省份的热带及南亚热带地区。次适宜区包括云南、贵州、四川、重庆等省市的中亚热带地区。辣木全身是宝,根据各地的条件,也可进行阶段性的生产,开发辣木的使用价值。

表 4-14 辣木种植区划指标

区划因子	适宜区	次适宜区	不适宜区
最冷月平均温度(℃)	≥10.0	4.0～9.9	<3.9
年平均极端低温(℃)	≥-2.0	-10.0～-5.0	<-10.0
10 ℃活动积温(℃·d)	>6000.0	5000.0～6000.0	<5000.0
≥10 ℃活动积温天数(d)	>300.0	240.0～300.0	<240.0

(三)辣木的营养和保健价值

辣木全株都是宝,含有丰富的营养价值,是迄今为止发现的最好的植物蛋白、维生素、叶酸、泛酸、钙、铁、硒等多种营养素来源,具有独特的保健功效,被科学界誉为"生命之树""奇迹之树",它与中国的灵芝、美国的花旗参并称为"世界植物三宝"。很多发展中国家用它来改善儿童营养不良,Discovery 健康频道报道了美国加州大学许教授对辣木的高度评价:辣木是一棵完美的植物,它丰富的蛋白质及维生素、氨基酸,不仅是发达国家素食者的理想食物,还是贫穷地区妇女和儿童的天然营养库。国家主席习近平曾先后两次将辣木种子作为"国礼"赠予古巴。2012 年辣木被中国绿色食品发展中心认定为"国家首推绿色食品",同年被评为"国宴特供菜"。

国内外研究结果表明,辣木的营养成分异常丰富、全面,无论是籽实还是花、叶、茎,营养价值都很高。100 g 辣木叶片或嫩果中所含的各种矿物质、维生素和必需氨基酸含量比世界卫生组织(WHO)推荐摄入标准都要高。根据计算,只要 3 汤匙(约 25 g)的辣木叶粉就含有幼儿每日所需 270% 的 VA、42% 的蛋白质、125% 的钙、70% 的铁和 22% 的 VC。

辣木中维生素含量丰富,特别是胡萝卜素、维生素 B$_1$(硫胺素)、维生素 B2(核黄素)、维生素 C(抗坏血酸)、维生素 E(生育酚)、叶酸、泛酸和生物素含量较高。辣木叶中 VA 含量高于胡萝卜,VC 含量超过柳橙,VE 是螺旋藻的几十倍。

辣木树含丰富的矿物质,包括 6 种矿物元素(钙、镁、磷、钾、钠、硫),5 种微量元素(锌、铜、铁、锰、硒)。辣木叶粉中钙的含量是牛奶的 26 倍,钾含量是香蕉的 10 倍,铁是菠菜的 4 倍,锌含量比所有食用蔬菜都高。

辣木丰富的营养物质可以满足身体对各种营养元素的需要,因此被西方科学家誉为上帝赐给人类的一件珍贵礼物。

辣木应用在保健食品的深加工生产中,为消费者提供一种全新保健食品。在治疗心血管疾病、降血压、降血脂等方面均有显著疗效。辣木保健食品具有消费量大、保质期长、贮存方便、营养丰富、老幼皆宜、工业化程度高和易于处理等特点。天然辣木的开发,可保证食品营养全面充足、安全,真正促进身体健康。

(四)辣木在河南的开发利用

2019 年 3 月 19—20 日中国辣木产业大会暨联盟 3 周年活动在春城昆明召开。会议认为,随着城乡居民收入水平的提高、生活方式和消费结构的变化,以及生物、信息等新技术的加速应用,辣木产业发展呈现出一些新趋势、新特点。希望大家加深认识、科学应对,在今后辣木产业的开发中,一是要重视发展新技术新装备,二是要重视发展新业态新模式,三是重视发展新需求新消费。

近年来,我国多地成功地引种了辣木,河南省一些地区也在进行大胆的尝试。2016 年在河南省科技惠民计划项目、河南省现代农业产业技术体系和焦作市科技计划项目的支持下,焦作市农林科学研究院王金艳等引种了印度传统辣木品种。研究表明,5—9 月辣木在豫北地区露地栽培条件下可以正常生长、开花,10 月随着气温降低辣木很少结荚,因豫北冬季温度较低难以越冬。因此,可以在豫北地区栽培 1 年生辣木,采收辣木嫩梢、嫩叶和花来生产茶叶。豫北地区一般在辣木主茎直径达到 3.0 cm,有效分枝直径达 2.0 cm 左右、叶片呈深绿色时,即可采收。采摘辣木嫩梢时可以采摘嫩梢的 1/2,留下的 1/2 嫩梢继续生长。一般在 7—9 月约 30 d 可采一次,其他月份采摘的间隔时间可稍长些。因豫北地区辣木无法结荚,故辣木花可以全部采摘。采收的嫩叶、嫩梢和花切忌堆积,要及时摊放晾晒 3～4 d 后即可自然干燥,或放入热风干燥箱中 50 ℃干燥,然后装袋收贮。由此可见,河南省利用辣木的嫩叶、嫩梢和花已经初见成效,前景广阔。

第五节 果树气候分析

河南省由于地理纬度优势,果树种类繁多,既有亚热带的柑橘,又有暖温带的苹果、桃、梨、葡萄等,且有不少名优水果驰名中外。如灵宝寺河山苹果、宁陵谢花酥梨、荥阳柿子、新郑大枣等。但河南省果树发展也存在着一些问题。除技术管理水平低外,尚存在布局不尽合理,不能完全做到适地适树,从而影响河南省果树生产。由于这些问题与气候条件有着密切关系,因此根据河南省气候特征,对主要果树进行气候条件分析,从而趋利避害,既充分利用气候资源,又使自然条件与果树要求的生态因子相适应,使河南省果树生产水平达到更高的境界。

一、苹果

苹果是一种国际性的果树,分布很广,遍及五大洲。它与葡萄、柑橘、香蕉并列齐名,称为四大果树。苹果传入我国栽培只不过一个多世纪,河南更晚,仅有几十年历史。20世纪50年代到60年代发展迅速,80年代仍在持续发展中。由于河南省苹果栽培历史短,对苹果的特点了解尚不够充分。有些地方气候不适宜苹果的生长和发育,表现不出苹果品种固有的特点;或因病虫害以及自然灾害较多等,使不少地方的苹果生产常以失败而告终。这些教训都可作为今后发展苹果生产的借鉴。

(一)热量条件

苹果是北方落叶果树,喜冷凉干燥气候。从世界主要产区来看,年平均气温多在 8.5~12.5 ℃,欧洲主要产地 8~14 ℃,美国为 9~11 ℃,日本为 7.4~12 ℃。就河南省而言,除山区外,绝大多数地市均高于该气温指标,尤其是豫南年平均气温达 15 ℃以上,所以从年平均气温看,河南省不适宜苹果栽培。

苹果生长期间(4—10月)以平均气温 13.4~18.5 ℃为宜,而河南省各地该期气温远远超过此指标(表4-15)。从表中可知,河南省苹果生长期间平均气温为 21.5 ℃左右,比适宜温度上限 18.5 ℃还高 3 ℃;苹果旺盛生长的夏季(6—8月)适宜气温为 18~24 ℃,在此气温下苹果树同化作用最强,国内苹果生产区夏季平均气温均在 19.7~22.6 ℃,而河南省夏季平均气温高达 25.9~26.6 ℃,比适宜气温高 4~6 ℃。据华中农业大学章文才研究,6—8月平均气温 26 ℃以上地区,苹果花芽不易分化,产量很低,品质疏散而不松脆,着色不艳,香味差。苹果成熟期的日平均气温在 12~13 ℃时着色好,河南省苹果成熟期日平均气温 20 ℃左右(9月)。苹果果实成熟前昼夜温差在 10 ℃以上时,色、香、味较好,河南省果实成熟前8月昼夜温差不足 10 ℃。上述这些都是河南省发展苹果生产的不利因素。

苹果除对平均温度有一定要求外,对极端气温也较敏感。一般认为,大苹果类能忍耐−30 ℃低温,而小苹果类能忍耐−40 ℃低温。河南省因气温高,不存在苹果冻害问题。苹果树不耐高温,≥35 ℃的高温会使同化产物被呼吸消耗掉,≥30 ℃时叶片的光合作用减少一半,日最高气温≥35 ℃或日平均气温≥30 ℃持续 5 d 以上,可使已着色的果实褪色。河南省7月最高气温平均高达 32 ℃以上,极端最高气温绝大多数地方都可达 40 ℃或更高,日最高气温≥30 ℃的持续日数在 80 d 左右,≥35 ℃日数为 17~25 d,这样高的气温对苹果生产极为不利。

表 4-15 河南苹果生长期间平均气温（℃）

观测点	信阳	南阳	驻马店	许昌	郑州	新乡	安阳	商丘	洛阳	三门峡
4—10月平均气温	21.9	21.8	21.7	21.7	21.6	21.6	21.4	21.0	21.9	21.1
6—8月平均气温	26.5	26.5	26.5	26.6	26.4	26.2	26.1	26.1	26.6	25.9
7月平均气温	27.5	27.2	27.3	27.4	27.2	27.0	26.9	26.9	27.4	26.5
7月最高气温	32.5	32.1	32.3	32.6	32.4	32.1	31.9	32.0	32.6	31.9

（二）水分条件

据研究表明，在苹果生长期间，自然降水量以 450～510 mm 为宜，而河南省此时降水量多在 550.0～732.8 mm，也超过了该降水指标。在生长旺盛期（6—8 月），苹果树要求空气相对湿度为 60%～70%，而河南省正处在雨季，相对湿度大都 70% 以上。因湿度过大，常使枝条徒长，花芽形成少，果实着色不良，且病虫害加重，这是河南省苹果产量低、品质差的又一原因。

（三）光照条件

苹果是喜光树种，光照充足方能生长正常。河南省北中部光照充足，可满足苹果生长发育的要求，而豫南常因光照不足使果树花芽分化少，开花坐果率低，抗病虫害能力差，成熟果实含糖量低，着色不好。

（四）河南山地的苹果生产

从上述光、热、水条件分析可以看出，河南省不适宜苹果生产，特别是温度偏高为苹果生产发展的主要限制因子。但河南省山地面积大，尤其是豫西山区和豫北太行山，因海拔高，气候温凉，加上山区光照充足、紫外线强等因素，适合苹果发展。如灵宝寺河山、栾川第三川、洛宁上戈的苹果均曾被国家评为优质苹果。为了充分利用山区气候资源，发挥山区气候优势，河南农业大学林学院、园艺学院苹果研究课题组董中强、马绍伟、夏国海等通过多次考察，选择了豫西三门峡卢氏县官道口乡，以果农刘发旺的果园为中心区，1987 年正式挂牌建立了河南农业大学优质苹果基地。每年课题组在苹果主要发育期为当地果农讲解苹果栽培技术，包括苹果施肥技术，果树修剪技术，以及苹果防治病虫害技术。在苹果品种方面，引进了日本富士系列品种取代了当地秦冠。并在海拔 1000 m 处建立了农业气象站，长年观测苹果基地温度、湿度、降水等。通过 5～7 年深入系统研究，在卢氏官道口果农刘发旺果园培育出优质苹果。在 1994 年 11 月农业部七省鲜果评比中，卢氏官道口苹果因果面洁净、质脆、多汁、色泽艳丽、果形端正、风味独特，综合固形物含量超过了国内外其他品种，荣获国家经济林产品金杯奖，得到国内外专家一致好评。农业部七省鲜果评比化验分析结果见表 4-16。

表 4-16 农业部七省鲜果评比中河南农业大学培育的苹果化验分析结果（1994）

品种	果重（g）	硬度（K/cm²）	可溶性固形物含量（%）	有机酸含量（%）	总糖量（%）	VC 含量（%）
长富（1）	312.00	14.20	20.40	2.40	27.10	17.00
长富（2）	313.00	14.40	20.60	2.20	27.30	17.20
新红星	304.60	10.60	18.40	2.00	29.80	16.10
秦冠	365.40	14.40	18.90	2.00	29.80	15.90

二、葡萄

在全世界的果品生产中,葡萄产量及栽培面积一直居于首位。葡萄原产于温带地区,我国北方各省均有大面积栽培。中华人民共和国成立后,河南省在豫东黄河古道大力发展,目前已成为我国葡萄发展的新基地。

实践证明,环境条件中的气候因素对葡萄的生长发育起着重要影响,其次是土壤条件。它们不但决定葡萄能否在一个地区成功地进行经济栽培,同时也决定葡萄的产量和质量。因此充分了解气候条件与葡萄生产的关系,对于葡萄品种的区域化,园地的选择,以及制定栽培技术措施等方面有重大意义。

葡萄在河南全省均有栽培,豫东面积较大,近年来豫西丘陵山区发展迅速。从目前葡萄单位面积产量和品质来看,豫西丘陵山地明显优于全省其他各地,因此就豫西丘陵山地和葡萄集中产地豫东平原两地气候条件进行比较分析。

(一)水分条件

生产实践证明,年降水量超 800 mm 时,将明显影响葡萄糖度、成熟度以及风味等,年降水量低于 500 mm 则产量低,需要灌溉。豫西丘陵山地降水多在 600 mm 左右(洛阳 602.1 mm、三门峡为 575 mm),比豫东略少(民权为 679.0 mm)。葡萄着色至成熟期(6—8 月)需少雨低湿,若多雨高湿,会使糖度降低,造成裂果,品质下降。豫西和豫东相比,前者所处条件优于后者。豫西(灵宝、陕县、新安)三个县 6—8 月降水量为 281.0 mm,而豫东(民权、兰考、宁陵)同期降水量为 385.7 mm,两者相差 104.7 mm。两地相对湿度也有明显差异,豫西夏季相对湿度平均为 67％,豫东为 74％,二者相差 7％。所以豫西葡萄长势好,病虫害轻。

(二)热量条件

有关资料显示,夏季气温偏高且日较差大时葡萄含糖量高,其他营养物质的含量也随之增加,使其风味浓、品质佳。豫西丘陵地尤其是以洛阳为中心的县市是河南省高温中心,夏季平均气温比豫东可提高 0.5～1.0 ℃(洛阳夏季平均气温 26.6 ℃,商丘 26.1 ℃)。而且豫西夏季温差较大,如三门峡 7—8 月平均气温日较差比商丘同期高 0.3～0.4 ℃。这是豫西丘陵葡萄优于豫东的又一原因。

(三)光照条件

葡萄为喜光果树,要求年日照时数为 2300 h 以上,特别是着色到成熟要以晴朗天气为主。豫西降水偏少,晴天多,为葡萄生长发育提供了良好条件。葡萄着色还与光质有着密切关系,国外优质葡萄产区很多都建立在山地阳坡。豫西丘陵山地因海拔高,紫外线含量高,有利于葡萄着色。河南农业大学科研人员在豫西进行葡萄生产调查时发现,孟津县朝阳乡丘陵旱地佳利酿葡萄,果粒全面着色,无青粒,果粉厚,实为罕见。

河南农业大学王浚明等人对豫西和豫东 6 个县、30 个品种、640 株葡萄含糖量的测定显示,豫东葡萄含糖量平均为 12.79％,而豫西达 14.96％,豫西比豫东高 2.17％,且着色也优于豫东。

从上述分析可以看出,豫西丘陵山地葡萄具有明显的气候优势,葡萄长势普遍良好,主要表现为花芽分化好、坐果率高、结果早、产量高而稳。近年来,由日本引进的巨峰、先锋等大粒品种,主蔓长度为 100～120 cm,单叶面积 2800 cm² 左右,同日本生长情况相一致。叶色浓绿且厚,光合力强,生产潜力大,22.5 t/hm² 以上仍可保持果实质量,而在原产地日本亩产只有限产 1000 kg 方可保证质量。豫西巨峰葡萄不仅产量超过原产地日本,而且果粒全面呈深紫色,果穗着色率达 80% 以上,果粒重 10 g 左右,可溶性团形物达 17.5%～18.0%,可与日本精细管理的葡萄质量相媲美。酿造出的白羽葡萄酒同样表现出优质特性,该品种含糖量达 15% 即为上等品质,而豫西的含糖量可达 18.5%。故在 1987 年 8 月河南省商办工业酒类评比会上,洛阳市果酒厂的红葡萄酒、宾嘉葡萄酒、中华白葡萄酒以其果味突出,色调晶莹,香味醇厚的独特风格,在 32 个同类产品中,分别获得金、银质"神州奖"。

豫西丘陵山地在葡萄生长期也有不利气候因素。有些年,早春雨少,此时葡萄正处于芽萌发和新梢生长时期,干旱不利于花序原始体的连续分化和新梢生长。对于这种不利因素,可采取一定的管理手段予以避免或减轻其危害。

总之豫西葡萄栽培区具有着色成熟期降水少,气温高,空气湿度低,温差大,病虫害轻等优势,故豫西葡萄产量高而稳,质量好,应将海拔 200～600 m 浅山丘陵区作为河南省优质葡萄生产基地而大力发展。

三、柑橘

柑橘是一种亚热带常绿果树。我国柑橘大致分布在 19°～33°N。由于柑橘果实营养丰富、用途广、经济价值高,近年来,我国柑橘栽培面积逐年扩大。河南省淮南大别山区固始、商城和南阳盆地部分地方已有栽培,特别是淅川柑橘发展很快。

(一)热量条件

河南省淮河、伏牛山以南为北亚热带边缘,也是柑橘发展的北缘。柑橘属喜温植物,生长最适宜气温为 24～28 ℃;≥10 ℃活动积温在 4000 ℃·d 以上,柑橘主产区积温大多在 5000 ℃·d 以上,且积温愈多,柑橘果实甜味愈增加,风味变浓品质提高。但当积温超过 8000 ℃·d 时,果实反而变得色泽浅,风味差,品质下降。根据以上的温度指标,河南省豫南大部分县市只有夏季 6—8 月气温为 24～28 ℃,≥10 ℃积温在 4700～5000 ℃·d,基本上可以满足柑橘生长发育的热量要求。

(二)水分条件

柑橘一般要求年降水量在 1000 mm 以上,尤以秋季降水量最为重要,它关系到果实的成熟和品质的优劣,其降水指标一般在 250 mm 以上。适宜的空气湿度能使柑橘果皮光滑,色泽鲜艳,汁多而味甜,空气相对湿度的指标为 75% 左右。河南省豫南绝大多数县市年降水量在 900 m 左右,超过 1000 mm 仅有局部地区,相对湿度在 70% 左右,秋季降水多在 200～250 mm。所以从水分指标看,河南省豫南的降水也基本上可以满足柑橘的生长要求。

(三)光照条件

河南省光能资源,特别是日照时数尚优于长江中下游,所以也适宜柑橘的生长和发育。

(四)低温冻害

低温冻害是我国柑橘生产的主要农业气象灾害,也是限制柑橘发展的主要因素之一。因此评价一个地区能否适宜栽培柑橘时,应着重分析该地区的低温程度如何。

冻害的气象指标是受冻的临界低温值。不同种类的柑橘(或品种)受冻指标不同。温州蜜柑为耐寒品种,受害临界指标温度为 −9～−7 ℃,−10 ℃以下低温往往导致严重冻害,植株大量死亡。甜橙较不耐寒,出现 −5 ℃低温时即可能受害。河南省豫南多以抗寒性和适应性较强的温州蜜柑为主。

对豫南近 48 年(1971—2018 年)极端最低气温统计分析可知,豫南极端最低气温强度大,出现频率高。如河南省热量条件最好的西峡、淅川,≤−11 ℃的低温出现频率为 18.8%,其他地区均为 22.9%～29.2%(表 4-17),可造成柑橘严重冻害或冻死;≤−9 ℃的频率为 27.1%～47.9%,可造成柑橘中等程度冻害;≤−7 ℃的频率高达 45.8%～79.2%,所以低温冻害是河南省豫南柑橘生产的严重威胁。

从以上柑橘气候分析可知,河南省豫南虽属北亚热带气候,光、热、水基本能满足柑橘生长发育要求,但因≤10 ℃积温尚少,柑橘糖分含量低,品质较差,尤其冻害问题十分突出,所以豫南发展柑橘要持慎重态度。在豫南背风向阳的山坡逆温区以及大的水域附近,选择有利的小气候条件,并有保护栽培措施,可以适量发展柑橘生产。如淅川县李家湾 1968 年种植实生淅川红橘 300 株,1/3 位于背风向阳坡地,而其余都种植在坡顶和山脊上。1976 年背风向阳坡地的柑橘树高 3.5 m,树冠直径达 3 m,当年结果 300 kg 左右,但山顶和山脊处,枝梢纤弱,叶片小,年年因冻害而落叶,栽植 10 多年毫无产量,因此,豫南山脊和坡顶不宜种植柑橘,背风向阳的坡地可种植柑橘。

表 4-17　豫南各级年极端最低气温出现次数频率和极值端最低气温

观测点	≤−11 ℃		≤−9 ℃		≤−7 ℃		极端最低气温(℃)	资料年份
	出现次数(次)	频率(%)	出现次数(次)	频率(%)	出现次数(次)	频率(%)		
南阳	12	25.0	23	47.9	38	79.2	−17.5	1971—2018
淅川	9	18.8	13	27.1	22	45.8	−14.8	1971—2018
西峡	9	18.8	13	27.1	30	62.5	−14.8	1971—2018
信阳	13	27.1	20	41.7	33	68.8	−16.6	1971—2018
固始	11	22.9	21	43.8	29	60.4	−18.3	1971—2018
商城	14	29.2	21	43.8	32	66.7	−19.4	1971—2018

为使河南省豫南柑橘生产得到发展,特提出如下建议:①选择热量条件较好的小气候区域发展柑橘,避免或减少低温冻害的影响,发展柑橘前一定要作小气候考察,不可贪图大型的百亩、千亩果园,而应根据当地条件来规划。②以抗寒优质丰产的柑橘作为发展对象,目前以早中熟温州蜜柑为主,也可适当引种外地抗寒品种作示范推广。③要有以避开冻害为中心,以早结果、早丰产为目的的栽培管理技术措施。如冬季将树体用塑料薄膜或稻草、秸秆等物包裹以利于抗寒防风,保护枝叶,争取来年柑橘丰收。

第六节　立体农业的气候分析

一、立体农业的概念

立体农业是在总结国内外传统经验的基础上,根据我国地方农业生产的特点,提出的一个崭新的大农业生产模式,它有深刻的科学原理和丰富的内容。立体农业是在单位面积土地上(或水体中),根据土、光、水、热、气等自然资源的特点和不同农业生物的特性,进行立体种养,建立多种共栖,多层次配置,多级质能循环利用的立体农业模式及其综合性技术,从而合理地利用自然资源、生物资源和人类生产技能,获得较高的物质生产量和经济效益。同时,防止土壤肥力衰退,减少环境污染,维持生态平衡,使农业系统处于长周期的良性循环之中。

二、立体农业的内容

立体农业研究的内容包括立体农业模式的物种结构、空间结构、时间结构、食物链结构和技术结构五大方面。

(一)物种结构

物种是指各种农业生物的种或品种的总称,是立体农业物质生产的主体。物种结构是指模式内农业生物种类的组成、数量及其彼此关系。

物种的多样性是立体农业最重要的特征。物种包括:绿色植物——初级物质生产者;草食性动物和肉食性动物——人、畜、鱼、虫等,进行次级物质的再生产者;微生物——真菌、细菌等,它们以物质的转化分解为主要功能。

(二)空间结构

空间结构即是各种物种在立体模式内的空间分布,包括各种物种的搭配形式、密度和所处的空间位置。合理的空间结构是提高光能利用率,增加单位面积生物总产量和转化效率的重要措施。空间结构主要构成因素是层次和密度。层次是垂直距离,它包括地上的立面空间层次和地下的土壤层次(或水域的水体层次);密度是水平距离,即物种个体或群体的水平距离。这两个指标决定了每个物种的个体和群体的空间位置。

(三)时间结构

生态因子的周期性和生物生长发育周期为农业有效地同化生活因素提供了各种可能性。时间结构可以协调资源因子周期性和农业生物生长发育周期性的关系。

时间结构是立体模式高效率生产的重要条件。时间结构也就是对各种农业生物所进行的时序安排,即通过早、中、晚品种的搭配,喜光与耐荫作物的交错,籽粒作物和叶类、块根类的交错,绿色植物和非绿色生物的交错,设置控制设施,延长生长季,化学催熟,假植移栽等方式,达到增加种养层次,扩大生物容量,充分利用环境条件的目的。

(四)食物链结构

食物链是立体模式内物质生产和物质转化的链环,它从绿色植物生产的初级物质开始,在动物、微生物的参与下,转化为一连串重复取食与被取食的有机环节,故称"食物链"。

一个复合立体农业模式通常具有 3 个不同营养级:植物生产者,动物消费者和再生产者及微生物分解还原者。

(五)技术结构

实践证明,再好的模式如果没有配套的技术,其功能目标是不可能实现的。技术结构就是研究发挥模式功能的技术措施的科学结合。技术结构研究的重点是物质和能量投入的内容、适度、时间和方法,通过外加的技术干预协调模式内部种、养、加工的关系,以便更好发挥整体结构的优势。就内容上讲,技术结构包括作物生育过程中的各种田间管理、播种(动物放养)、移栽、遮阴、防寒、中耕、锄草、施肥、喷药、灌溉、整枝、摘心、收获等。在一定程度上技术结构具有决定性的作用。

上述五种结构既同等重要又各有区别。物种结构是生产和增值的主体,是提高模式效益的基础;空间结构和时间结构是实现模式效益的条件;食物链结构既是增值的环节,同时也是增值的条件;技术结构则是模式机能运转的保证。

三、立体农业的气候分析

立体农业的模式甚多,如"林—粮""林—果""以粮为主的间作套种"、水体等立体农业模式。无论哪种立体农业模式均具有充分利用气候资源,达到提高单位面积光能利用率的作用。农桐间作立体农业模式在河南省发展迅速,规模最大,且取得了良好的经济效益、生态效益和社会效益。从20世纪70年代初开始至今,河南农业大学林学系一直从事农桐间作的生态效益研究工作,获得了大量有价值的材料,并进行了科学总结,先后多次参加全国农林方面学术交流并多次获得科技重大成果奖。现以农桐间作为例进行农业气候分析。

(一)农桐间作光照条件分析

从第三章光资源可以看出,河南省光能资源丰裕,生产潜力颇大。但目前由于生产技术有限,光能利用率还很低。例如河南省小麦平均单产3000 kg/hm² 左右,光能利用率仅为0.5%左右,即使小麦单产达7500 kg/hm²,光能利用率也不过1%。因此,如何提高光能利用率,向光要粮是粮食增产的关键所在。农桐间作是以泡桐为上层,农作物为下层的人工栽培群落,是充分利用土地、阳光和水肥的多层次的集约化经营农业的方式,它有利于提高光能利用率。

泡桐进入农田,改变了农田的光照条件,必然引起不同作物的一系列反映,其反映程度因不同树龄、不同行向、不同枝下高、不同距离以及不同高度而有所不同。

泡桐和小麦间作,会不会发生泡桐与小麦争光而造成小麦减产,这是人们最关心的问题。我们带着这个问题,对豫东7~8年生的泡桐,树高平均10 m,冠幅平均9 m,行距30 m、40 m、50 m,株距4~5 m的桐麦间作地进行了光照强度观测。观测结果表明:桐麦间作后,由于泡桐和小麦的生育周期是错开的,两者基本上不存在争光现象。不仅如此,桐麦间作还为小麦创造了良好生态环境,间作地小麦与对照地小麦相比,均有显著增产。

根据诸多报道,小麦生育期对光照强度要求分低—高—低三段,即生长初期对光照要求低,返青后逐渐增高,拔节至孕穗达到最高峰,以后对光照的要求又降低。而河南省冬小麦一般10月上、中旬播种,10月中、下旬出苗,此时泡桐已落叶。小麦拔节到孕穗对光照要求逐渐增大,4月中旬进入孕穗期,叶面积系数达最大,是小麦一生中对光照要求最大时期,而此时泡桐才刚进入花期,叶子尚未发芽,对麦田光照影响不大。4月下旬5月初泡桐开始发芽,小麦已抽穗开花对光要求逐渐降低。5月中、下旬小麦已进入灌浆成熟阶段,小麦对光照的要求已不高。若光照过强,会使湿度变小,从而影响小麦灌浆,粒重下降,而使小麦减产。而泡桐此时叶已展开,调节了光照,使麦田气温不致过高,为小麦后期生长发育创造了良好的生态环境。研究表明,小麦光合作用在某个光照范围内,几乎成正比例地随光照强度的增加而增加,小麦光饱和点为自然光照的1/3~1/4,为$2×10^4$~$3×10^4$ lx,超过饱和点的光照强度光合强度反而下降。小麦要求最小光照强度为1800~2000 lx,最适光照强度为8000~12000 lx。5月中旬我们在桐麦间作田20 cm处测得光照强度平均为8725.5 lx,即正处在小麦最适宜光照强度内,而旗叶平均光照强度为30838.9 lx已达到饱和点。而无泡桐麦田,中午前后麦田已达$6×10^4$~$7×10^4$ lx,显然过高,已对小麦灌浆不利。从考种资料看,泡桐下小麦株矮,节间短,穗长,穗粒数多,千粒重高,符合生产要求。从5年获得千粒重资料看,由于农桐间作田小麦晚熟3~5 d,延长了灌浆时间,所以千粒重比对照重1 g左右,增产约10%。

秋作物因生长季正处在盛夏,此时泡桐枝叶繁茂,存在与作物争光现象,使大豆、红薯、芝麻等作物有不同程度的减产,尤其对喜光较强的芝麻影响较大,可使其减产11%～30%。而玉米、谷子、高粱等粮食作物,受泡桐影响而减产的范围只限于树冠下,其他区域为平产或增产。棉花则不同,干旱年增产明显,在一般年基本是平产,而在多雨年为减产,且泡桐下棉花病虫害较重。

为了克服泡桐遮阴而影响作物产量,可根据作物对光的不同要求调整作物布局,如泡桐下种植耐荫中草药菊花、薄荷和生姜等。

(二)农桐间作温度条件分析

农桐间作后,由于泡桐树冠的吸收和反射以及树冠的遮阴,光照减少,气温降低。不同树龄和株行距的泡桐,对气温变化的响应也不同。一般农桐间作地气温变化有如下规律:①在泡桐生长季节4—8月,农桐间作地的气温与未间作地相比,白天低0.4～1.4 ℃,夜间高0.1～0.4 ℃;0～20 cm地温偏低0.6～2.0 ℃。②在泡桐落叶后的冬季和早春,农桐间作区较非间作区气温高1 ℃左右,地温高2 ℃左右。③农桐间作地的昼夜温差无论是什么季节,均比对照低0.3～0.5 ℃。

这种温度变化规律对冬小麦是有利的,冬季温度偏高,有利于冬小麦越冬,初冬温度偏高对小麦分蘖培育壮苗很有好处;春季温度偏高,能促使小麦早返青,且可减轻晚霜冻对小麦危害。4月以后农桐间作田温度偏低,特别是5月中、下旬农桐间作田温度偏低,有利于小麦灌浆,河南省5月中下旬气温可高达25 ℃左右,而小麦灌浆最适宜气温为20～22 ℃,所以河南省千粒重不稳就是小麦后期高温造成的。5月农桐间作田气温低,有利于小麦灌浆,所以农桐间作地小麦千粒重高,增产显著。

农桐间作地这一温度变化规律,对秋作物影响有不利的一面,也有有利的一面。农桐间作地温度日较差普遍低,这对作物干物质积累不利,特别是红薯、马铃薯之类作物,都要求有较大的温度日较差。农桐间作地气温日较差小,是红薯在农桐间作地减产的主要原因。作物生长旺季,农桐间作地温度偏低,这对某些秋作物是有利的。例如玉米最适温度为30～32 ℃,而7—8月份河南省平均气温高达28 ℃左右,极端最高气温可达40 ℃以上,对作物生长不利,而农桐间作地温度普遍低,对作物生长发育有利,所以农桐间作地玉米普遍增产。

(三)农桐间作水分条件分析

农桐间作后,由于削弱了风速,空气水平运动和湍流减弱,间作地内土壤的蒸发量大大降低,加之泡桐吸收较深层的水分,通过枝叶蒸腾散发出来,因此,间作地的相对湿度高于未间作地。一般白天空气相对湿度平均增加7%～10%,夜晚平均增加3%～4%。农桐间作地蒸发量一般比未间作地减少34%,等于每公顷地平均每天少失水66 m³左右。蒸发减少量与树龄和种植密度有关。由于蒸发量减少,加之泡桐生长旺季正处在雨季,枝叶繁茂的泡桐有截留和减少径流作用,因而泡桐间作地土壤水分明显高于未间作地,据测定,一般耕作层土壤含水量较未间作地可增加7%～10%。

实行农桐间作后,人们最关心的另一个问题是泡桐与作物争水争肥问题。大量研究表明,泡桐为深根性树种,吸收根和细根多分布在40～100 cm深的土层内,而在0～40 cm土层内的根分布很少,约占12%。同时泡桐根幅较小,一般多在距树干0～4 m的范围内,而40 cm以下土层中的根幅则达树冠的2～3倍。而小麦、玉米、谷子等作物的根系多集中分布在0～40 cm的耕作层内。因此泡桐与农作物在地下不存在争夺营养物质和水分的矛盾。作物在农桐间作地生长情况也充分说明了这一点。当伏旱发生时,中午前后非农桐间作地玉米均发生萎蔫,而农桐间作地玉米尤其是泡桐下玉米很少有萎蔫现象。所以,农桐间作地玉米在干旱年增产格外明显。棉花、大豆也有类似情况,正常年份,大豆和棉花产量与未间作地相比,表现为减产或平产;而干旱年,农桐间作地大豆、棉花都增产。应特别指出的是,由于农桐间作地空气湿度明显增大,尤其是在多雨年,往往加重病虫害发生,所以农桐间作地更应做好病虫害防治工作。

另外,农桐间作能降低风速40%～50%,使农作物可减轻或免遭大风危害,所以农桐间作地作物倒伏现象发生最轻,也是作物增产不可忽视的原因之一。特别是在豫东风沙区,农桐间作明显地起到了防风固沙作用,使不少不能耕种的沙区变成了良田。农桐间作能调节农田小气候,抵御干热风,防止早、晚霜冻等自然灾害,从而促进农业稳产高产。

总之,农桐间作这一立体农业模式,对充分利用气候资源提高光能利用率,维持生态环境平衡,促进农业发展有着重要的促进作用。

第七节 农产品气候品质评价

一、概述

当今社会,随着现代生活品质的不断提高,人们对食物的品质越来越注重。提高农产品品质已经成为农业生产的优先问题,农业生产已经从相对重视产量转变为追求"产量、品质、生态"。我国政府对农产品品质安全高度重视,把"三品一标"(无公害农产品、绿色食品、有机食品(农产品),农产品地理标志)打造为我国重要的安全优质农产品公共品牌。农产品品质问题已经成为农业生产的一个极为重要的问题。

针对农产品品质问题,全国气象部门积极探索地方农业气象服务工作,围绕农业供给侧改革和乡村振兴战略,开展农产品气候品质认证,为助力精准扶贫注入了新的气象科技元素。2012年,浙江省气候中心率先开展茶叶气候品质认证工作,其他省紧随其后。2018年,我国农产品气候品质认证工作全面开花,不仅开展此项工作的省逐渐增加,市(县)级气象部门也在这项工作中发挥了积极作用,社会影响力逐渐增大。

农产品气候品质认证是指为天气气候对农产品品质影响的优劣等级做评定,依据农产品品质与气候的密切关系,通过采集数据、实地调查、对比分析等技术方法,建立认证气候条件指标和模型,综合评价农产品气候品质等级。

开展农产品气候品质认证工作,有利于服务经济社会发展和农民生产生活,对打造农业特色品牌,增加农民收入,有积极的促进作用。农产品生产企业通过对特色优质农产品进行气候品质认证,增添了农产品新的卖点,提高了产品的附加值和经济效益,有效提升了农产品的市场竞争力和知名度。

二、农产品气候品质评价方法和流程

(一)评价对象

农产品认证的主要对象是农业生产过程及其所生产的初级农产品。

(二)技术方法

(1)获取农产品的品质数据

通过田间试验、文献查阅等方法,获取农产品品质的关键生理生化指标。

(2)筛选气候品质指标

基于农产品的生物学特性,耦合品质生理生化指标和同期气象数据,应用相关分析等方法,筛选影响农产品品质形成的关键气象因子,确定农产品的气候品质指标。

(3)气候品质等级划分

气候品质评价等级统一划分为四级:特优、优、良、一般。也可参照农产品品质的等级进行修改。

(4)建立气候品质评价模型

① 气象指标预处理

参照气候品质划分等级,将气候品质指标划分为 4 个等级,分别赋予 3~0 的数值。划分标准如下:

$$M_i = \begin{cases} 3 & P_{i01} \leqslant X_i \leqslant P_{i02} \\ 2 & P_{i11} \leqslant X_i < P_{i01} \quad 或 \quad P_{i02} < X_i \leqslant P_{i12} \\ 1 & P_{i21} \leqslant X_i < P_{i11} \quad 或 \quad P_{i12} < X_i \leqslant P_{i22} \\ 0 & X_i < P_{i21} \quad 或 \quad X_i > P_{i22} \end{cases} \tag{4-2}$$

式中:

M_i——影响农产品品质的第 i 个气候品质指标;

X_i——气象要素实测值;

P_{i01}、P_{i02}——农产品品质特优的气象指标下限值和上限值;

P_{i11}、P_{i12}——农产品品质优的气象指标下限值和上限值;

P_{i21}、P_{i22}——农产品品质良的气象指标下限值和上限值。

② 气候品质评价模型

应用主成分分析、熵权法、专家决策法等常用方法,确定气候品质指标 M_i 的权重系数。采用加权指数求和法,建立气候品质评价指数模型:

$$I_{ACQ} = \sum_{i=1}^{n} a_i M_i \tag{4-3}$$

式中:

I_{ACQ}——气候品质评价指数;

n——气候品质指标的个数;

a_i——气候品质指标权重系数。

(三)工作流程

(1)评价(认证)服务工作流程是认证委托人在农产品生产周期开始前 1 个月提出申请,认证机构进行实地调研,确定是否接受申请。认证机构同意申请后,对评价地区和评价农产品,进行多次取样分析及实地评价,确定农产品气候品质。依据评价结果编写评价(认证)报告,制作评价(认证)证书,颁发给认证委托人。

(2)省级机构负责申请备案、技术指导、报告审核、证书制作等工作,市级机构负责接收申请、申请批复、申请上报、关键生育期制定、样品分析、报告制作、证书颁发等工作,县级机构负责在农产品品质关键生育期,开展取样(土样、植株等)、实地观测,维护气象观测仪器等工作。

(3)评价认证应由评价(认证)委托人在认证农产品生产周期开始前1个月向市级气象部门提出农产品气候品质评价(认证)申请,市级气象部门在省级农产品气候品质评价委员会指导下,于农产品收获前半个月制作农产品气候品质评价(认证)报告初稿,上报委员会审批。

三、特色农产品气候品质评价案例

2016年,河南省政府出台了《关于印发河南省推进种养业供给侧结构性改革专项行动方案(2016—2018年)的通知》(豫政〔2016〕75号),提出要大力发展"四优四化"目标。把"优质"作为供给侧结构性改革的一项重要内容,为河南省农产品气候品质认证工作指明了政策方向。

2018年10月1日正式颁布和实施的《河南省气候资源保护与开发利用条例》(以下简称《条例》)规定:"省气象主管机构可以会同有关部门,根据气候特点、气候资源探测资料和气候资源区划成果等,推动农产品气候品质认证工作的开展,发展精品农业,打造特色品牌。"《条例》为农产品气候品质认证工作提供了法律依据。

2017年,河南省气象局尝试性开展农产品气候品质评价(认证)工作,先后为温县鑫合四大怀药标准化种植示范基地开展了怀山药、怀地黄、怀牛膝、怀菊花等的气候品质认证工作,并对平顶山市鲁山县马楼乡聚鑫蝎子养殖基地、平顶山市鲁山县玫瑰谷分别开展了全蝎、玫瑰的气候品质认证服务。2018年对商丘市柘城县开展了三樱椒的气候品质认证服务,协助花生气象服务中心完成对正阳花生的气候品质评价。

本节以柘城三樱椒气候品质评价(认证)工作为例,详细介绍对农产品的气候品质评价(认证)工作。

(一)数据、资料获取

根据气候品质认证工作需要,柘城县气象局对2018年柘城县三樱椒生育发育情况进行了观测,并对生育期的气象数据和气象灾害数据进行了详细记录,同时省市专业技术人员在三樱椒生育期对柘城三樱椒土壤和果实样品进行了取样化验,获取三樱椒生理生化指标,并通过数据分析和文献查阅等方法,确定三樱椒关键生育期及品质的关键生理生化指标。

(二)气象条件分析

三樱椒的气候品质与三樱椒整个生育期和关键气象因子关系密切,在分析和评价2018年三樱椒生育期的气象因子的同时,也考虑了气象灾害对三樱椒生长发育的影响以及采取的防御措施,进而总体分析整个生育期的气象条件对三樱椒生长发育的影响。

2018年三樱椒生育期间(3月10日—9月5日)活动积温为4200.9 ℃·d,降水量674.4 mm,日照时数1170.1 h,满足三樱椒生长发育的要求。各生育期除降水量偏少外,其他气候条件都在适宜的范围内,适宜三樱椒生长。由于柘城灌溉条件较好,降水偏少对三樱椒生长影响不大。2018年7—8月,柘城遭受区域性高温、气象干旱和"温比亚"台风,对三樱椒品质和产量造成一些不利影响。柘城县及时响应、积极应对,减轻了气象灾害对三樱椒的影响,有效地保证了2018年三樱椒的品质。

(三)气候品质评价指标确定

基于三樱椒的生物学特性,耦合品质生理生化指标和同期气象数据,筛选出影响三樱椒品质形成的关键气象因子:全生育期活动积温、播种—出苗期土壤相对湿度、定植期平均气温、开

花期土壤相对湿度、坐果—成熟期日照时数,进而确定了三樱椒的气候品质评价的气象指标
(表 4-18)。

表 4-18　三樱椒的气象品质指标

生育期	时间范围	气象指标	数值范围		
			特优	优	良
全生育期	3 月 10 日—9 月 5 日	活动积温(℃·d)	≥4000	3600~4000	<3600
播种—出苗	3 月 10 日—3 月 25 日	土壤相对湿度(%)	70~85	60~70 或 85~95	<60 或>95
定植期	5 月 1 日—5 月 30 日	平均气温(℃)	20~25	15~20 或 25~28	<15 或>28
开花期	6 月 21 日—7 月 20 日	土壤相对湿度(%)	70~85	60~70 或 85~95	<60 或>95
坐果—成熟	7 月 11 日—9 月 5 日	日照时数(h)	≥350	310~350	<310

应用专家打分法,确定三樱椒气候品质指标 M_i 的权重系数(表 4-19)。采用加权指数求
和法,利用前述的气候品质指标评价模型,可得到 2018 年柘城三樱椒气候品质指标为 2.8,依
据指标等级标准(表 4-20),可判定柘城三樱椒的气候品质等级为特优。

表 4-19　三樱椒的气候品质指标权重

气象指标	全生育期 活动积温	播种—出苗期 土壤相对湿度	定植期 平均气温	开花期 土壤相对湿度	坐果—成熟期 日照时数
权重	0.4	0.1	0.1	0.2	0.2

表 4-20　三樱椒的气候品质指标等级

等级	特优	优	良	一般
气候品质指标	$I_{ACQ} \geq 2.4$	$2 < I_{ACQ} \leq 2.4$	$1.5 < I_{ACQ} \leq 24$	$I_{ACQ} < 1.5$

第五章 河南农业气象灾害

第一节 河南主要农业气象灾害及时空分布

农业气象灾害是制约河南省农业发展的主要因素之一,其发生及危害程度不仅取决于气象要素本身的异常变化,还与出现的区域、季节、作物种类及其所处发育阶段和生长状况、土壤水分、管理措施等多种因素密切相关。河南省各种农业气象灾害的成因与危害特征不同,具有地域性和季节性。

一、主要农业气象灾害

气温、降水、光照、风等气象条件对农业生产活动都有很大的影响。农业气象灾害的种类较多,概括起来大致有四大类,其一,由气温异常引起的有热害、冻害、霜冻、冷害等;其二,由水分异常引起的有干旱、洪涝渍害、雪灾和雹灾;其三,由风引起的大风倒伏等;其四,由气象因子综合作用引起的干热风、连阴雨等。从灾害发生的机制看,有些属于累积型,如干旱、涝渍害等;有些是突发型,如大风、冰雹等。有些灾害造成的影响是显性的,在灾害发生后通过外部形态特征就可直观判断,如洪涝、大风、冰雹等。有些是隐性的,例如霜冻、热害等,出现受害症状的时间滞后,需要一定时间才能观察到。虽然河南省农业气象灾害种类繁多,但是从其对农业、农村经济的影响程度看,主要是干旱、洪涝、低温霜冻及冰雹。

二、主要农业气象灾害时空分布特征

由于受季风气候和地形地势的影响,加之区域自然环境差异和致灾因子分布不均,河南省农业气象灾害的区域分布特征较为明显。

河南省干旱灾害具有明显季节性、区域性和年际变化特点,这主要是由于降水量的季节分布不均、空间分布差异及年际间波动。春旱的频率北部高于南部(黄河以北春旱频率在30%以上),初夏旱频率为30%~50%,伏旱的频率在25%(豫西丘陵地区和南阳盆地伏旱最为严重),秋旱的频率为20%~35%。全省大致可分为5个不同类型的干旱区:①豫北干旱区,以春旱为主,发生频率在30%以上,还有初夏旱;另外,冬、春、初夏连旱的频率也较高。②豫西的浅山丘陵—南阳盆地—淮河以北干旱区,干旱频率在50%~60%,以夏季干旱为主,其次是初夏旱,春旱较少。③豫东平原干旱区,干旱频率在60%~65%,以夏季干旱为主,春旱也较为明显。④淮南干旱区,以夏季干旱为主,频率在25%以上,秋旱发生的频率也较高,常出现伏旱连秋旱,南部的大别山区伏旱较少。⑤豫西山地轻旱区,这里降水量变率小,气温较低,蒸发量小,干旱灾害发生较少且程度也明显轻于其他地区。

河南雨涝灾害主要发生在夏季,其次是春、秋季。夏季雨涝约3年一遇,春季雨涝约6年一遇,秋季雨涝约8年一遇。一年中以8月雨涝影响最为严重,其次是7月。初夏雨涝主要发

生在淮南及豫西山区,频率在 25％以上;夏季雨涝频率最高达 40％～80％,春季雨涝频率南高北低,淮河以南地区及豫西山区最高达 25％以上;秋季雨涝频率较小,多数地区在 15％以下,豫南、豫西山区在 20％～30％。

河南省大部分地区霜冻多为 3 年一遇,个别地方较多,达 2 年一遇。一般北部多于南部,山区多于平原。豫北、豫西山区、豫东霜冻较多,豫中、豫西丘陵、南阳盆地霜冻较少,淮南最少。对河南农业生产影响较大的主要是春季晚霜冻,其中豫北、豫东 4 月出现霜冻次数占出现总次数的 70％,豫南、豫中占 40％～50％,豫西丘陵地区占 30％～35％。

第二节　干旱

一、概念

干旱是指农作物的水分收与支、供与求不平衡而形成的水分短缺现象,它常发生在干季(降水比较少的干燥少雨季节)或干期(无雨日数持续一个较长时段)。多数情况下干旱伴随着大气高温、低湿,有时还伴有风,此时蒸发强烈,土壤供水不足,生物体内水分平衡遭到破坏,严重时导致生物体死亡。

干旱是一个全球性的主要农业气象灾害,几乎在任何地区、任何时间都可能出现。按照干旱的成因,可把干旱分为土壤干旱、大气干旱和生理干旱。其中,土壤干旱是指土壤水分不能满足植物需要的一种干旱。大气干旱是指空气十分干燥,加之高温有时伴有一定的风力,土壤可能并不缺水,但作物蒸腾量远大于根系对水分的吸收量,作物体内水分收支不平衡,水分状况恶化,造成减产。生理干旱是指植物不是因土壤缺水而出现的干旱现象,一般是由于土壤溶液含有大量盐类或其他原因,根系吸水困难,植株持续蒸腾所导致的干旱。

按照干旱发生季节,可以分为春旱、夏旱、秋旱和冬旱。春旱一般发生在 3—5 月,特点是温度不高,相对湿度低,缺雨或少雨,并常伴有风。夏旱(也称伏旱),是指发生在 6—8 月的干旱,特点是太阳辐射强烈、温度高、相对湿度低,蒸散旺盛。秋旱指发生在 9—11 月的干旱,特点与夏旱类似,但不及夏旱显著。冬旱发生在 12 月—次年 2 月,其特点是降水很少,温度较低,此时作物需水也少。冬旱本身对越冬作物影响不大,只有冬春连旱或秋冬连旱,才加重冬旱的危害。

二、指标

大气降水是水资源的主要来源,它直接影响着地表径流、地下水、土壤水分的状况及作物、人类社会等对水分需求的满足程度。所以大气降水的时空分布特征都与干旱灾害的形成及其危害程度和范围密切相关。干旱致使社会生产和人民生活用水严重不足,造成严重危害,对农作物的危害最为直接,也最大。因此干旱灾害定义及标准多从农业方面考虑,以其对农业生产造成的影响及危害程度予以确定(表 5-1)。

表 5-1　河南省干旱指标

干旱	时段	时段降水量(mm)	等级	雨量距平百分率(％)	前期降水状况
春旱	3—5 月	各旬雨量<30 日最大雨量<20	旱	-50	冬雪雨量偏少 20％以上
			重旱	-70	

续表

干旱	时段	时段降水量(mm)	等级	雨量距平百分率(%)	前期降水状况
初夏旱	6月	各旬雨量<30 日最大雨量<20	旱	−50	5月中、下旬偏少20%以上
			重旱	−70	
伏旱	7—8月	任意连续3旬 各旬雨量<30	旱	−50	前一旬雨量偏少20%以上
			重旱	−70	
秋旱	9—10月	各旬雨量<30 日最大雨量<20	旱	−50	8月雨量偏少20%以上
			重旱	−70	

20世纪90年代干旱较重,80、60年代次之,70年代最轻。历史上灾情比较严重的1987年,河南发生冬、春、夏三季连旱,全省中、小型水库的蓄水5月底基本用完,中、小河流断流,出现了人畜饮水困难。1988年,全省小麦受旱面积333.3万 hm²,秋作物受旱面积600万 hm²,全年绝收86.68万 hm²。2000年2—5月全省出现严重干旱,干旱长达4个月,与常年同期相比,全省绝大部分地区偏少5～8成,有67个县降水量为1949年后同期最少值;5月8日全省116个观测站中有101个出现不同程度的旱情,全省受旱面积357.1万 hm²,占麦播面积的71.4%。

三、风险区划

河南干旱灾害具有明显的季节性、区域性和年际变化特点,这主要是由河南自身的气候特点所决定的,即降水量季节分配不均、空间分布差异及年际间波动。春旱频率北部高于南部,初夏旱频率为30%～50%,伏旱频率在25%左右,秋旱频率为20%～35%。河南省不同等级的干旱空间分布如图5-1所示。

根据河南农业生产实际和气候特点,全省大致可分5个不同类型的干旱区:

(1)豫北干旱区(黄河以北地区)以春旱为主,发生频率在30%以上,还有初夏旱;另外,冬、春、初夏三季连旱的频率也较高。

(2)豫西浅山丘陵—南阳盆地—淮河以北干旱区(淮河以北,京广线以西,沙河以南,卢氏—宝丰—内乡一线以东地区),干旱灾害频率在50%～60%,以夏季干旱为主,其次是初夏旱,春旱较少,易出现初夏旱和伏旱相连。

(3)豫东平原干旱区(沙河以北,京广线以东,黄河以南地区),干旱频率在60%～65%,以夏季干旱为主,春旱也较为明显。

(4)淮南干旱区(淮河干流以南地区),以夏季干旱为主,频率在25%以上,秋旱发生的频率也较高,常出现伏旱连秋旱,南部的大别山伏旱较少。

(5)豫西山区轻旱区(伏牛山腹地),这里降水变率小,气温较低,蒸发量小,因此干旱灾害发生较少,且程度也明显轻于其他地区。

四、防御措施

(1)秋旱时需在前茬收获前浇足底墒水或播后喷灌,勉强可出苗的可适当深播镇压提墒。

(2)防御冬旱最主要的是适时浇好越冬水,喷灌麦田可选择回暖天气白天少量补水,没有喷灌条件的尽量压麦提墒,早春适当早浇小水。

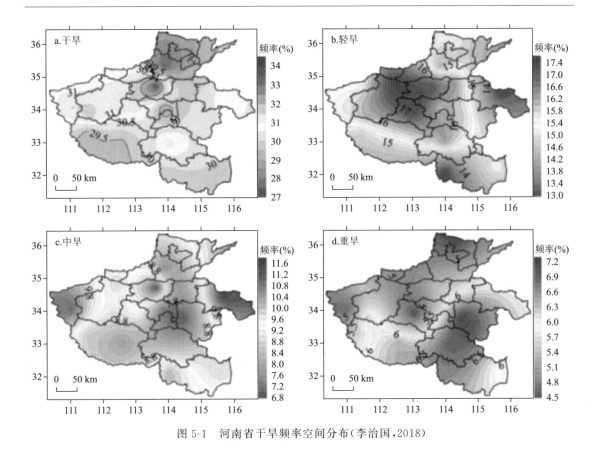

图 5-1 河南省干旱频率空间分布(李治国,2018)

(3)防御春旱的措施首先是培育冬前壮苗,使根系强壮深扎,提高利用深层土壤水分的能力。其次是合理灌溉,保水能力强的黏土地早春不必急于浇水,蹲苗到拔节后孕穗前再浇水,全生育期浇水次数宜少,量应足。易渗漏的沙土地则应少量多次浇水。水源不足时要尽量确保拔节到孕穗期的水分需要,浇水可集中安排在起身后期到抽穗前。起身后松土可切断毛细管,减少土壤水分蒸发。

(4)发生初夏旱时应小水多浇,使小麦不过早枯黄,促进茎秆养分充分转移。但前期持续干旱时,后期不可突然浇水,否则会造成烂根死亡。

(5)夏玉米生长过程中出现干旱时,要进行合理灌溉,特别要保证抽雄前后需水临界期的水分需求。另外,还可选用抗旱品种、拔节前蹲苗、生根粉拌种等措施提高植株抗旱能力,通过秸秆覆盖、地膜覆盖、中耕等措施抑制土壤水分蒸发。

第三节 干热风

一、概念

小麦干热风是小麦扬花灌浆期间出现的一种高温、低湿并伴有一定风力的综合性农业气象灾害,也是小麦的环境胁迫因子。干热风可强烈破坏小麦的水分平衡和光合作用,使小麦灌浆过程受阻,青枯逼熟,造成千粒重明显下降,小麦减产严重。干热风常发生在我国北方麦区,河南冬小麦灌浆期一般在 5 月上旬至 5 月底,干热风对冬小麦的产量和品质影响很大,轻者减产 5％～10％,重者减产 10％～20％,甚至可达 30％ 以上。

二、指标

根据小麦干热风发生指标(表 5-2、表 5-3),统计各站点历史上发生轻、重干热风天气过程的概率(资料统计时段 4 月下旬至 5 月下旬),构建冬小麦干热风发生风险综合指数。

表 5-2　高温低湿型干热风等级指标

区域	20 cm 土壤相对湿度（%）	轻度			中度			重度		
		日最高气温（℃）	14 时空气相对湿度（%）	14 时风速（m/s）	日最高气温（℃）	14 时空气相对湿度（%）	14 时风速（m/s）	日最高气温（℃）	14 时空气相对湿度（%）	14 时风速（m/s）
华北、黄淮及陕西关中冬麦区	＜60	≥31	≤30	≥3	≥32	≤25	≥3	≥35	≤25	≥3
	≥60	≥33	≤30	≥3	≥35	≤25	≥3	≥36	≤25	≥3

表 5-3　高温低湿型小麦干热风天气过程等级指标

过程等级	过程小麦干热风日等级天数(d)			备注
	轻度日	中度日	重度日	
轻度	1～5	—	—	
中度	6	1～2	—	满足其一
重度	≥7	≥3	≥1	满足其一
	≥3	≥2	—	同时满足

注 1:轻度等级中,不包括中度、重度小麦干热风天气过程所包括的轻度小麦干热风日
注 2:"—"表示没发生。

历史上比较严重的干热风灾害有 2000 年 5 月 3—4 日,郑州、宝丰、西峡、驻马店等地日最高气温超过 36 ℃,黄河以南大部分地区出现了重度干热风。17—23 日,全省大部分地区出现了 4～5 d 33～38 ℃高温或干热风天气,部分县市的最高气温超过 40 ℃,为历史同期最高值。此时正值冬小麦灌浆、成熟期,干热风造成小麦灌浆期缩短,千粒重下降,对产量和品质的提高极为不利。

三、风险区划

河南省轻干热风年均发生日数为 0.3 d,最大值为 1.0 d;全省轻干热风年平均发生概率为 0.2 次/年,最大值为 0.6 次/年。重干热风年平均发生概率为 0.1 次,最大值为 0.3 次/年,即 10 年 3 遇(表 5-4)。

表 5-4　河南省冬小麦干热风年发生频率

干热风等级	年发生日数(d/年)		年发生概率(次/年)	
	均值	最大值	均值	最大值
轻干热风	0.3	1.0	0.2	0.6
重干热风	0.1	0.3	0.1	0.3

河南轻干热风年均发生日数呈"北部、中部和东部多,西部、南部少"的分布态势。轻干热风高发区域主要分布在豫北安阳、鹤壁、焦作、济源、濮阳及豫中许昌、漯河、驻马店和豫东的商丘、周口的部分地区。轻干热风弱发区主要分布在豫西三门峡、洛阳及豫南的南阳和信阳的部分地区。重干热风发生日数空间分布与轻干热风具有一定的相似性,高发区主要分布在安阳、鹤壁、浚县、原阳、孟津、温县、修武、宜阳、许昌等地,三门峡、洛阳、南阳、信阳等地为重干热风的低发区域。综合来看,驻马店、商丘、鹤壁、许昌、开封、安阳等地为干热风高风险区域,济源、三门峡、平顶山、焦作、信阳等地为干热风低风险区域。

四、防御措施

(一)运用综合农业措施防御干热风

(1)培育和选用适合当地气候条件的抗干热风小麦品种。北中部麦区应选用抗旱、抗风、早熟性品种,南部宜选用抗湿涝、抗锈病、早熟性品种。现有的小麦品种中,对干热风抗性的一般表现为:高秆品种优于矮秆品种,有芒品种优于无芒品种,抗寒性弱的品种优于抗寒性强的品种。早熟和中早熟品种较易避开干热风危害。

(2)合理施肥。小麦后期要控制氮肥施用量,防止小麦贪青晚熟。基肥中应增加磷钾肥成分,提高植株的抗逆性,增施有机肥,改善土壤结构和保水肥性能。

(3)合理灌溉。在小麦生长后期,适时浇水,在有条件的地方进行喷灌是防御干热风的有效措施。浇水的作用不仅可以加快小麦的灌浆速度,延长灌浆时间,提高千粒重,增加产量,而且可以有效改善小麦生育后期的田间小气候条件。据试验,浇水后 2～3 d,5 cm 地温平均降低 3～5 ℃,作用面附近的空气相对湿度可提高 5%～10%,这种小气候效应可以维持 3～5 d。浇水时必须掌握好以下几种技术:一是要根据土壤肥力和土壤质地决定是否浇水。在中等肥力条件下,砂土、沙壤土、轻壤土浇水后都有增产效果。而高产地块浇水后易发生贪青晚熟现象。二是土壤太干旱,耕层土壤水分下降到田间持水量的 50%～55% 或以下时,不可浇水,否则易发生涨根枯熟、麦株旱死的现象。三是要选择好浇水时间,一般应在干热风发生前 2～3 d进行。四是要注意天气条件,保证浇水后 5～6 h 不出现 4～5 级以上的大风,尤其对丰产麦田浇水时更应注意防止倒伏。

(4)营造防护林网。在干热风易发生区营建农田防护林网是防御干热风的战略措施。防护林带的主要作用是改善麦田的生态环境。据试验,在干热风天气过程中,有林网的麦田 14时平均风速比空旷地带减小 40% 左右,气温约降低 2 ℃,相对湿度增加 9%～10%,土壤水分消耗量降低 47%。在风沙盐碱地区,农田防护林网的作用更加明显。所以,林粮间作是一项既可以防风固沙,又可防御干热风危害的综合农业技术措施。

(二)运用化学药剂防御小麦干热风

近年来,各地进行了不少应用化学药剂根外喷肥或浸种来防御小麦干热风的试验,初步肯定了石油助长剂、草木灰水、磷酸二氢钾、氯化钙等化学药剂的作用,此外,还试用了硼、氯化钾等药剂。

应指出的是,喷洒化学药剂只是一种补救措施。从根本上讲,应当搞好农田基本建设和提高栽培管理水平,再结合后期喷药,进行综合防御,才能有效地战胜干热风对小麦的危害。

第四节 霜冻害

一、概念

霜冻是指在春秋转换季节,土壤表面和植物表面的温度下降到(0 ℃以下)引起农作物受伤害或者死亡的一种农业气象灾害。根据霜冻发生的条件与特点不同,将其分为三种类型:

(1)平流型霜冻,是在强冷空气或寒潮暴发时,因强冷平流天气引起剧烈降温而发生的霜冻,发生的范围广,持续时间长,多发生在晚秋或早春;

(2)辐射型霜冻,是由于夜间地面或植物辐射冷却而引起的,发生范围小,危害小;

(3)平流辐射型霜冻,是先有冷空气侵入,温度明显下降,夜间天空转晴,风速减小,地面辐射散热很强,即冷平流和辐射降温共同作用下发生的霜冻,多发生于初秋和晚春,对农作物的危害最为严重。

二、指标

影响河南农业生产的主要是小麦晚霜冻。霜冻的危害程度除与霜冻强度有关外,还与小麦自身的发育状况和环境有关。一是在霜冻之前,小麦一般生长在较温暖的环境里,组织柔嫩,细胞内外游离水较多,遇较低温度时,轻者细胞间隙结冰,重者原生质冻成晶体。细胞间隙结冰后,细胞内水分外渗,解冻时气温往往上升较快,使细胞来不及吸回外渗的水分,引起水分散失,若原生质体成为冰晶体,则直接遭受损伤。二是在霜冻之前,小麦没有发达的根系,没有形成壮苗,再遇地虚缺墒,冷气入侵后,更容易受害。若解冻时又无充足的水分供应,易使其冻害加重。三是小麦生长发育到抗低温冻害能力较弱的阶段。尤其是幼穗分化进入药隔形成期和四分子期,不仅抗寒能力大大减弱,而小穗正向两极分化,对外界条件十分敏感,遇到 0 ℃的低温,就要受不同程度的危害。四是低温下,酶的活性降低,蛋白功能失活,气温的骤然变化,使株体内部代谢失常(表 5-5、表 5-6、表 5-7)。

表 5-5 河南主要农作物、蔬菜和果树霜冻指标

作物名称	发育期	百叶箱最低气温(℃)	受害情况
冬小麦	拔节后 1~7 d	−10~−9	植株茎秆受害或植株死亡
	拔节后 7~14 d	−7~−6	
	拔节后 14~20 d	−3~−2	
	拔节 20 d 以后	−2~−1	
玉米	苗期	0 左右	叶片损伤,部分植株死亡
	成熟期	<0	
甘薯	成熟期	2~4	受冻轻微,仍能继续生长,但必须从速收获
		0~2	冻害严重,薯叶全部冻死,薯块必须立即收获

续表

作物名称	发育期	百叶箱最低气温(℃)	受害情况
棉花	苗期	＜3	开始受冻,受冻时间长会冻死
		−1	只需持续 10 min,棉苗全部冻死
	成熟期	1～3	部分叶子受轻微冻害,个别棉铃有冻害现象
		−1～1	叶全部受冻,大部分棉桃受害严重,有植株死亡
白菜	可收前	＜0	要受冻
		−3～−2	部分冻死,在冻前收获
萝卜	可收前	−1～0	受冻
		−3～−2	会冻死
四季豆	幼苗期	1～2	开始受冻和部分死亡
	定植后	0～1	幼苗大量死亡
桃	花蕾变色期	−6.6～−1.7	会受冻
	开花期	−1 左右	会受冻
苹果	蓓蕾期	−3	可造成冻害
	开花期	−1.7	芽和花朵雌蕊受冻

表 5-6　郑州地区小麦霜冻调查结果

年份	日期	最低气温(℃)	最低叶温(℃)	茎穗受害情况
1953	4 月 13 日	−4.0	−5.5	10 月 10 日前播种的春性小麦幼穗冻死 60%～80%,茎受害 90%
1954	4 月 23 日	−3.0	−5.0	10 月 15 日以前播种的春性小麦幼穗冻死 20%～40%,茎受害 50%
1962	4 月 3 日	−2.5	−5.5	10 月 12 日以前播种的春性小麦幼穗冻死 50%～60%,茎受害 70%

表 5-7　不同地形及位置的霜冻强度

地形及位置	与平地气温比较(℃)
山顶或斜坡地上部	高 2
丘陵地中的谷地	低 1～2
山谷	低 2～3
盆地	低 4～5
林中空地	低 2

三、冬小麦晚霜冻风险区划

冬小麦晚霜冻高风险地区主要分布在河南东部的沈丘;次高风险分布在西部的卢氏、北部的林州及东部的永城一带;北部的新乡、沁阳,中部的郑州、许昌以及西部的栾川、内乡属于中度风险区;低风险区主要分布在西部的伊川、巩义,南部的信阳、南阳,北部的濮阳及中部的杞县、太康等地;其余地区为次低风险区(图 5-2)。

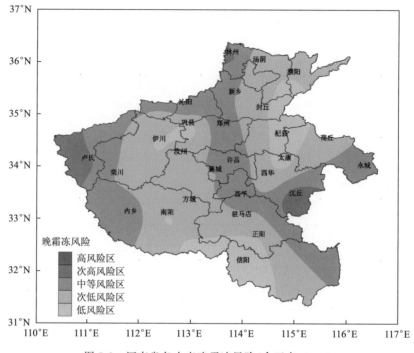

图 5-2　河南省冬小麦晚霜冻风险(余卫东,2017)

全省严重的晚霜冻年份为 1953 年、1954 年、1962 年、1964 年、1970 年、1995 年和 2013 年等。1953 年 4 月 13 日出现的一次晚霜冻,全省有 97 个县、市的 246.7 万 hm² 小麦受害,减产 10.5 亿 kg 以上。1995 年 4 月 3 日,受强冷空气影响,全省出现了大范围的晚霜冻。约有 70.47 万 hm² 小麦遭受不同程度的冻害,有 15.3 万 hm² 严重受冻。其中,焦作、武陟、郑州地面最低气温−5.1～−2.9 ℃,导致小麦籽粒顶部欠缺,千粒重下降,刚栽种的瓜菜苗、开花的油菜也都不同程度受冻。

四、防御措施

(一)运用综合农业技术措施预防霜冻

(1)因地制宜,充分利用小气候特点,合理布局作物,把不抗冻作物种植在霜冻不易发生或危害最轻的地带,如偏南坡中上部,冷空气难进易出的地形地势中等。

(2)适时播种,尤其是冬小麦,不仅要根据秋季气温变化规律确定适宜播期,而且还要考虑地形、环境条件、土壤性质等进一步合理安排播种时间。

(3)冬小麦播种前要精耕细作,增施有机肥,浇好底墒水,培育壮苗。对于冬前生长过旺的麦田,可以采取镇压措施,控制旺长。秋季,也可用催熟剂和控制水肥等方法催熟,使秋作物成熟期提前,避开早霜冻危害。

(4)热量条件较差的地区,应选用耐寒性强,生育期短的早熟性品种,使作物在终霜后出苗,早霜冻前成熟。

(二)霜冻来临之前的防御措施

春秋两季应做好霜冻预报,对冬前气温持续偏高,春季气温回升过早、过快的年份尤其应当注意。结合天气预报,采取灌水、熏烟、喷雾、覆盖、加热等方法减轻霜冻危害。在霜冻来临前1~2 d灌水,因水温高于地面温度,同时灌水提高了土壤和近地层空气湿度,改变了地面热量收支,可以减轻霜冻危害。人工熏烟可用杂草、沥青、煤末、锯末等,一般可使近地层气温提高1~3 ℃。用草帘、麦秸、塑料薄膜或其他作物秸秆覆盖作物幼苗,也可收到防霜效果。另外,人工喷雾也可取得良好防霜效果。在采用以上防霜应急措施时应当把握好时机,在气温降到作物受害临界温度以上1 ℃时熏烟或点火。喷雾开始时的气温可略高一些。如果气温下降很快,开始时间可以适当提前。各种办法都要持续到第二天早晨日出以后气温开始回升时才能停止。

(三)积极做好霜冻后的补救措施,减轻危害程度

冬小麦春霜冻发生后,应及时浇水、施肥、松土保墒,提高地温,促进分蘖。小麦冬前受霜冻害后,主要是抓好春季的增温保墒工作,应及时松土增温,一般不浇水,以防止地温回升过慢,待地温明显升高后,可少量浇水,切忌大水漫灌。

(四)兴修水利,发展防护林

兴修水利,发展防护林,进行农田基本建设,改善农田小气候,是预防霜冻的永久性措施。

第五节 连阴雨

一、概念

连阴雨是指在作物生长季出现的连续阴雨天气过程,是由降水、日照、气温等多种气象要素异常引起的,其显著特点是多雨、寡照,并常与低温相伴。连阴雨期间可有短暂的晴天,降水强度是小雨、中雨、大雨、暴雨等。

二、指标

影响河南农业生产较大的主要是玉米花期连阴雨,河南夏玉米开花吐丝一般在8月上旬,以≥3 d以上阴雨寡照或过程降水量≥30 mm定义为一次阴雨过程,统计历年玉米花期阴雨发生次数,并计算发生概率,作物连阴雨风险区划指标。

玉米花期连阴雨过程指标:连续≥3 d有降水(日降水量≥0.1 mm)作为一次连阴雨过程;或在>3 d的连阴雨过程中,有1 d无降水,但该日日照<2 h;在连阴雨过程中,允许有微量降水,但该日日照<4 h。

等级指标:依据连阴雨天气持续时间的长短,将其划分为两级:3~6 d的连阴雨过程为一次短连阴雨过程,≥7 d的连阴雨过程为一次长连阴雨过程。夏玉米花期和灌浆期连阴雨气象等级如表5-8所示。

表5-8 夏玉米连阴雨气象等级指标

等级	花期	灌浆期
轻度	连续3~5 d无日照	连续4~5 d无日照
	连续4~6 d日照≤2 h	连续4~7 d日照≤2 h
	连续4~7 d出现降水过程	连续5~8 d出现降水过程
	连续5~8 d出现降水过程和无降水日日照≤2 h的组合	连续6~9 d出现降水过程和无降水日日照≤2 h的组合

续表

等级	花期	灌浆期
重度	至少连续 6 d 无日照	至少连续 6 d 无日照
	至少连续 7 d 日照≤2 h	至少连续 8 d 日照≤2 h
	至少连续 8 d 出现降水过程	至少连续 9 d 出现降水过程
	至少连续 9 d 出现降水过程和无降水日日照≤2 h 的组合	至少连续 10 d 出现降水过程和无降水日日照≤2 h 的组合

三、夏玉米花期连阴雨风险区划

河南省夏玉米花期连阴雨天气发生极为普遍,各地平均频率为 68.2%,平均发生天数为 6.2 d。统计结果表明,豫东大部和淮南地区是夏玉米花期连阴雨的多发区,平均频率达 75% 以上,而豫北大部、豫中局部、南阳盆地东部及驻马店大部地区是花期连阴雨的相对少发区(图 5-3)。

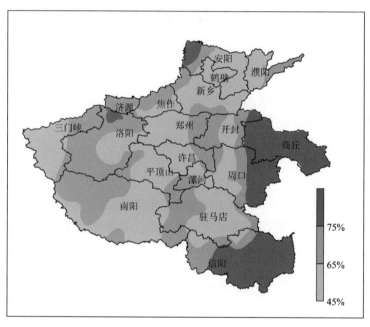

图 5-3　河南省夏玉米花期连阴雨发生频率(成林,2014)

在统计的全省各站点中,近 50 年平均 68% 以上的台站发生过花期连阴雨,其中 1970 年、1982 年、1995 年、2003 年等,连阴雨灾害覆盖了全省 3/4 以上台站。从年际变化看,发生短连阴雨的台站占总台站的百分比以每 10 年 3.3%($P<0.01$)的速率递增,而长连阴雨发生范围则呈不显著的递减趋势。

四、防御措施

对河南农业生产影响较大的主要是玉米花期阴雨。

(1)选用耐阴品种,改善玉米株型结构。矮秆、叶片上冲、雄穗较小、叶片功能期长,具有较好耐阴性的品种。

(2)选择适宜播种期,使敏感期躲过连阴雨期。

(3)增施氮肥提高绿度,促进光合作用。

第六节 雨涝灾害

一、概念

雨涝灾害是因降水过于集中或时间过长,导致的农田地表积水或地下水饱和而造成农作物生长发育受阻、产量降低甚至绝收的农业灾害。由于河南省大部分地区降水量集中于夏季,常因总降水量过大而发生雨涝灾害。

二、指标

雨涝灾害风险区划以降水量空间分布为主导因子,同时考虑地形及土壤质地等因素的影响,具体指标见表5-9。

表5-9 河南省雨涝指标

季节	降水时段	指标降水量(mm)
春涝	3—5月	月降水量≥150 mm,降水日数≥15 d或两月降水量≥300 mm,降水日数≥20 d
初夏涝	6月	月降水量≥200 mm,降水日数≥15 d
夏涝	6月底—9月底	平原区:旬降水量≥150 mm或两旬降水量≥250 mm
		山丘区:旬降水量≥200 mm或两旬降水量≥350 mm
秋涝	9—10月	月降水量≥150 mm,降水日数≥15 d或两月降水量≥300 mm,降水日数≥20 d

由于河南省受季风气候影响,加之省内地形复杂,因此降水量的季节与区域分布极不均匀。各季节降水量占年降水量百分比分别为:夏季45%～67%;秋季17%～28%;春季13%～27%;冬季3%～9%。

河南历史上雨涝灾害肆虐。1368—1938年的570年间,境内黄河发生决口满溢229年,平均每2.49年就有一次黄河决溢,每次都引起洪水泛滥。1949年以来气象观测资料显示,河南以夏季雨涝为主,重雨涝5～10年一遇,轻雨涝2～4年一遇,其他季节也有雨涝发生,虽次数不多,但危害也不小。出现重雨涝的年份有1952年、1954年、1956年、1957年、1963年、1964年、1971年、1975年、1982年、1984年、1985年、1996年、1998年、2000年、2003年、2017年。

历史上比较严重的灾情有1963年,秋粮总产比干旱严重的1962年少8亿kg。1982年7—8月暴雨雨涝,冲毁公路路基211 km,中、小桥梁26座共计612 m,涵洞453个(4773 m),水毁公路直接损失4000万元。1975年8月河南驻马店地区特大暴雨造成6座大、中型水库垮坝,死亡2.6万人,经济损失100多亿元。

三、风险区划

雨涝灾害的发生具有明显的季节性和区域性。河南雨涝灾害主要发生在夏季,其次是春、秋季。夏季雨涝约 3 年一遇,春季雨涝约 6 年一遇,秋季雨涝约 8 年一遇。一年中,以 8 月雨涝影响最为严重;其次是 7 月、9—10 月、3—4 月;5—6 月出现较少。初夏雨涝主要发生在淮南及豫西山区,频率在 25% 以上;夏季雨涝频率为最高达 40%～80%,春季雨涝频率南高北低,淮河以南地区及豫西山区最高达 25% 以上;秋季雨涝频率较小,多数地区在 15% 以下,豫南、豫西山区为 20%～30%。

河南雨涝灾害可分为 4 个区域:(1)南阳盆地—豫西北黄土丘陵雨涝区,以夏季雨涝为主,频率在 50%～60%。该区南部土壤耕作层以下是砂姜块,地面排水不良,下渗也比较困难,土壤长期处于水分饱和状态;北部降水量小,雨涝较轻,但年内也以夏季雨涝灾害为主。(2)豫东平原涝区,夏季雨涝最为突出,频率高达 60%～80%。该区域河床浅平、地势平坦,降水多在此汇聚,汇水面积大,易在此积聚形成雨涝。(3)淮南雨涝区,春涝突出,春涝频率大于 25%,夏季雨涝灾害也很严重。因为该区南高北低,南部降水汇流往往使北部河道漫溢,形成涝灾。(4)豫西北雨涝区,主要指以中、高山地、河谷起伏交错的伏牛山区,降水量多于毗邻地区,除夏季降水易形成涝灾外,春、秋季的连阴雨也较多。

四、防御措施

河南雨涝灾害主要发生在夏季,因此受雨涝灾害影响的主要作物是夏玉米。主要防御措施如下:

(1)调整布局,适期播种,这对夏玉米尤为重要,受涝时苗龄越大受害越轻。

(2)增施氮肥。受涝后施氮肥促恢复,可加速植株生长,减轻涝灾损失。

(3)喷施生长调节剂,可保证五叶期不受涝。

(4)受涝灾的玉米要及时排除田间积水,降低土壤湿度,促进恢复生长。当能正常下田时,应及时中耕、培土,以破除板结,防止倒伏,改善土壤通透性,使植株根部尽快恢复正常生理活动。

第六章　河南农业气候区划概述

第一节　农业气候区划概述

一、农业气候区划定义

对农业气候区划,不同的学者有不同的描述。如丘宝剑、卢其尧等(1987)定义农业气候区划是根据农业(或某类作物、某种农业技术措施等)对气候的要求,遵循气候分布的地带性和非地带性规律,把气候大致相同的地方归并在一起,把气候不同的地方区别开,这样得出若干等级的带和区之类的区划单位,对农业或农业的某一方面有大致相同的意义。

也有学者认为农业气候区划是在对农业气候资源和农业气象灾害分析的基础上,以对农业地理有决定意义的农业气候指标为依据,遵循农业气候相似理论,参考地貌和自然景观,将某一地区划分为若干个农业气候条件有明显差异的区域,以便合理地、有效地利用农业气候资源,为农业合理布局和规划提供科学依据。

从上面可以看出,农业气候区划虽然有不尽一致的定义,但并没有本质区别,基本是大同小异。归纳起来可以认为,农业气候区划是从农业生产的需要出发,根据农业气候条件的区域异同性对某一特定地区进行的区域或类型划分。它是在农业气候分析的基础上,以对农业地理分布有决定意义的农业气候指标为依据,遵循农业气候相似原理和地域分异规律,将一个地区划分为若干个农业气候区域或气候类型,各区或各类型都有其自身的农业气候特点、农业发展方向和利用改造途径。

农业气候区划和气候区划有共同之处,也有明显差异。其共同之处是二者都以气候因子为指标,根据气候的相似性,将大区域划分为若干个差异明显的小区域。其不同之处是气候区划往往考虑气候因子较多,并结合气候形成来划分;而农业气候区划侧重考虑对当地农业生产或某一农业生产领域有重要意义的农业气候因子,其指标的选择是以农业生产和农作物的生长发育等对气候条件的定量要求确定,因此,它是农业生产与气候关系的专业性气候区划的组成部分,其针对性较强。

二、农业气候区划的目的和任务

农业气候区划的目的在于阐明地区农业气候资源、灾害的分布变化规律,划出具有不同农业意义的农业气候区域。其作用:①为实现农业区域化、专业化、现代化而制定的农业区划和规划,以及研究不同区域生产潜力及人口承载量提供农业气候依据;②为科学调整农业结构、作物或畜牧业等合理布局,采用合理农业技术措施提供气候依据;③为国家农业的长远规划和国土整治提供科学依据。因此,农业气候区划对农业生产管理者、投资经营者及组织领导者指导农业生产和农业规划具有重要的参考作用。

农业气候区划的任务在于揭示农业气候的区域差异,分区阐述光、热、水等农业气候资源和农业气象灾害。本着发挥农业气候资源优势,避免和克服不利农业气候条件,因地制宜、适当集中的原则,着重针对合理调整农业结构,建立各类农业生产基地,确立适宜种植制度,调整作物布局,以及农业技术措施和农业发展方向等问题,从农业气候角度提出建议和论证。

农业气候区划因地区的气候特点、农业生产任务和存在的问题,以及农业对区划的要求不同,而各有不同的具体任务。例如:①从培育早熟高产品种、作物布局、品种搭配及建立合理的耕作栽培制度等方面,鉴定各地气候条件的满足程度,从而为农业合理布局提供气候依据。②为主要粮食作物提高单位面积产量所采取的耕作栽培措施提供气候依据。③为新垦和未垦地区发展农业提供依据。④围绕熟制调整和发展热带作物等农业气候问题进行的区划与评述,为因时因地制定和调整农业生产规划,以及为农业充分利用自然资源增收,特别是山区贫困农民的脱贫致富提供气候依据。

农业气候区划因区划的具体任务不同,工作的侧重点不同而不同。同时,由于农业生产水平不断进步,农业气候区划的具体任务和内容也在相应调整。因此,农业气候区划必须随着农业生产水平的提高,进行相应修改、充实,以满足农业生产和经济不断发展的需要。

三、农业气候区划分类

根据区划对象的不同,农业气候区划可分为综合区划和部门(专业、单项)区划;根据区划范围的大小,农业气候区划可分为大区域划分和小区域划分;根据区域的空间特点,农业气候区划可分为类型区划和区域区划。

(一)综合农业气候区划

综合区划的主要任务在于:一方面,要系统分析地区的农业气候资源和气象灾害,以及它们在空间上和时间上的变化,也就是要对气候作农业评价;另一方面,要认真研究主要农业对象对气候的要求,也就是要对农业进行气候评价,从而做出区划,说明哪些地区最适宜发展什么农业,产量和质量如何,为合理配置农业提供气候上的科学依据。

(二)部门(专业、单项)农业气候区划

部门(专业、单项)区划按农业对象分,有专对某一种作物的区划,如小麦气候区划;有专对某一类作物的区划,如热带作物区划。按气候要素分,有专对某一种农业气候资源所做的区划,如降水区划,热量区划;有专对多种或某一种不利气候条件所做的区划,如农业气象灾害风险区划、干旱区划、洪涝区划等。另外,还有畜牧气候区划、种植制度气候区划等。

(三)类型区划与区域区划

类型区划和区域区划是国内农业气候区划中均曾采用的两种不同分区划片的方法,它与构建的农业气候区划指标体系有关。类型区划是基于不同农业气候指标在地域分布上的差异逐级划分单元,其同类型的农业气候区可以在不同地区重复出现,在地域上不一定连成一片,同一级类型区内反映的农业气候因子较单一,但能突出主导因子的作用,较容易确定农业气候相似性的地区,在地形复杂的山区可划分较多的类型区。

区域区划则是基于对农业地域分布具有决定意义的多种农业气候因子及其组合特征差别,将一个地区划分为若干农业气候区,每个区在地域上总是连成一片,具有空间地域上的独特性和不重复性,能突出多种因子对农业的综合作用。由于我国季风气候特点和地形复杂,多数学者认为全国或较大区域的农业气候区划采用区域区划与类型区划相结合比较符合客观实际。有一些区域区划是以一定的类型为根据的,因为一个区域内可能有几种类型,且往往以某一种类型占优势,可以根据优势类型的分布范围来划区。

四、农业气候区划的原则

我国从 20 世纪 60 年代初期到 20 世纪末期,先后进行了三次全国性的农业气候区划工作,都遵循了以下区划原则。

(一)气候特殊性原则

各地气候的特殊性决定了作物分布、作物的气候生态型与农业生产类型。根据气候的上述特殊性,农业气候区划中的热量与水分划区指标,必须采取主要指标与限制性指标并用的原则。热量的主要指标为暖季温度,限制性指标为冬季温度;水分的主要指标为全年水分平衡,限制性指标为水分的季节分配。

(二)主导因素原则

对作物生长、发育、产量关系最密切的气候要素是光、热、水,尤以热、水两项更为直接与重要,其他一些要素往往与主要要素之间有密切的依变关系。因此,农业气候区划应该采取主导因素的原则,不可能也没有必要考虑所有的要素。

(三)气候相似与分异原则

区划的作用与目的在于归纳相似、区分差异,贵于反映实际,因此应该以类型区划为主,区域区划的原则只能有条件地适当地加以运用。区划在于反映实际的气候差别,确有差别当然应该划开,没有差异也不需要为了照顾区划单位的面积平衡(即每一个块块大小差不多)而找无价值指标硬性划分,实际情况也是不一定划得越细越小越好,只要划分至一个区划单位中的差异不致影响主要作物生长发育即可。宏观的农业气候区划,是以气象台站资料为基础的大农业气候区划(并非小气候区划),它的区划级数也有一定的限制。

上述原则在全国开展的三次大规模的农业气候资源调查和农业气候区划工作中发挥了重要作用,具体体现在以下方面。

适应农业生产发展规划的需要,配合农业自然资源开发计划,着眼于大农业和商品性生产,以粮、牧、林和名优特经济农产品生产为主要考虑对象。

区划指标须具有重要的农业意义。主导指标与辅助指标相结合,有的采用几种指标综合考虑,有利于充分、合理利用气候资源,发挥地区农业气候资源的优势,有利于生态平衡和取得良好的经济效果。

遵循农业气候相似性和差异性,按照指标系统,逐级分区。

分区与过渡带。根据气候特点,逐年间气候差异造成一定的气候条件变动,划出的区界只能看作是一个相对稳定的过渡带。区界指标着重考虑农业生产的稳定性,例如采用一定的保证率表示安全布局的北界等,实际区划中有时还需考虑能反映气候差异的植被、地形、地貌等自然条件。

第二节　农业气候区划指标和技术方法

一、农业气候区划指标

(一)构建农业气候区划指标体系的基本要求

农业气候区划指标,是指对农业地理分布、农业生物的生长发育和产量形成有决定意义的农业气候要素及其临界值。农业气候区划指标可以分为综合因子指标和主导因子指标,主导因子指标往往又以主导因子与辅助因子相结合。农业气候区划一般有若干等级构成,每一级区划均有相应的区划指标。所有指标构成农业气候区划的指标体系,即农业气候区划指标体系。

农业气候区划指标体系要符合以下基本要求:其一,区划指标因子具有农业气候属性,既有明确的农业意义,又有农业气候地域空间分布的指示性;其二,各等级单位的指标有独立性,并能反映地域差异的层次性,有分区、划片、定界的可操作性,高级区指标具有区域气候特征或地带指示性,低值区指标反映地方农业气候特征。

在构建农业气候区划指标体系时,既要考虑综合因子,又要考虑主导因子。在农业生态环境中,多因子的综合影响不等于每个因子影响的综合,表现出单因子影响的不可加性和多因子综合影响的不可分性。综合因子反映气候对农业的影响是它的整体,而不是气候的一两个要素,可借助多因子复合指标,或多因子群分析的一次性分区来完成。主导因子是鉴于各个气候因子对农业的影响不均等,可以根据不同区划对象的要求,选择某些最重要因子,或以主导因子与辅助因子相结合。综合因子着眼于农业气候的差异性,往往先有区域的概念,然后根据相匹配的主要因子组合作为指标。主导因子则着眼于农业气候相似性,先确定主导因子,再按农业气候因子的重要性逐级划分。根据我国开展区划经验,主导因子和综合因子相结合可取得较好的区划结果。

区划指标是区划工作中最关键、最核心的问题。各种区划的等级和界限由指标确定,而采用什么指标,又和区划的方法、原则、种类和对象等有关。农业气候区划的指标,一方面要能够反映气候的特征,另一方面又要能够反映农业的要求,因此,农业气候区划比一般气候区划的指标更加复杂,更加难以确定。

指标的选择,不但要考虑采用什么要素,而且还要考虑采用什么样的临界值,即对某些自然现象、对生产以及农业对象有重要意义的数值。如温度 0 ℃,表明水结冰,多种作物冻伤冻死,所以是很重要的农业气候指标。

(二)农业气候区划指标体系的基本原则

(1)以气候要素为主,非气候要素为辅的原则

农业气候区划指标以气候要素为主,有些地区受气候观测条件的限制而难以获得准确的气候要素数据,可以用能够反映气候差异性的非气候要素来替代,如山区和高原,其海拔高度对气候影响很大,在缺乏气候观测资料的情况下,可以用海拔高度作为山区和高原农业气候区划的辅助指标。

(2)关键性(否决性)要素原则

确定越冬作物、多年生作物,以及其他作物的关键制约要素,以此作为否决要素指标。如越冬大田作物和多年生作物以极端最低气温作为否决要素指标,在干旱无灌溉地区以降水量作为否决要素指标。符合否决条件的地区,为不适宜气候区,无须再进行其他因素的分析评价。

(3)综合性原则

考虑光、温、水三个方面的综合作用。在农业生态环境中,光、温、水对农作物生长发育的影响并非简单的加法性关系,而是相互影响、共同作用的关系。如在热量条件差的区域,强光照可以弥补部分热量的不足。

（4）层次化原则

首先根据否决要素指标，分为适宜区和不适宜区。然后，根据光、温、水条件，对适宜区进行适宜度指数测算，并归并为最适宜区、适宜区和次适宜区，或归并为适宜区和次适宜区。

（5）时空差异性原则

中国地域广阔，农业气候指标应该而且必须反映出因时、因地的差别。如新疆的干旱指标值应该比河北、江苏高一些，而南方的涝害指标值则应该比北方高一些，这种差别是由于作物在一个地方长期栽培对当地气候具有一定适应性反映的结果。

二、农业气候区划技术方法

（一）指标法

农业气候区划指标是农业气候区划中专门用作划分区域界限的一种指标。这种指标能具体反映地区农业气候特点，农业气候区域间的明显差异。

我国农业气候区划中，一直沿用传统的指标方法。一般以热量、水分和越冬条件中某一个为主要指标，若干个辅助指标，按其对当地农业的重要性，由上而下依次划分，而热量中多采用积温、水分常采用干燥度等综合指标。

这种农业气候区划指标虽沿用的是一种老方法，但由于简单明了，易于为应用者接受，不仅本专业的人能看懂，而且非专业的人也能看懂，深受服务对象欢迎。因此，在农业气候区划中，应继续采用传统的老方法，但不排除努力探索新方法。

如丘宝剑、卢其尧在研究中国热带—南亚热带农业气候区划时，为了寻找我国热带经济作物的适宜区，以三叶橡胶、椰子、胡椒等典型热带作物绝大多数年份都能正常生长，不受寒害为准，提出以热量条件为一级气候指标，水分条件为二级气候地带指标，严寒条件为三级气候指标，风力条件为四级气候区指标，日照条件为五级气候小区指标。

农业气候区划指标法广泛用于农业气候区划中，一般采用主导指标与辅助指标相结合、单因子指标与综合因子指标相结合的原则，显然与农业气候的复杂性相关。

（二）物候法

物候法是采用指示动物或植物的物候作为农业气候区划指标进行区划的物候学方法，它是根据物候推断农业气候，从而做出农业气候区划。物候法简单实用，经济有效，易为群众所掌握，尤其是在县乡级农业气候区划上，更能反映出环境的微小差异，优越性更大。

（三）农业气候区划的数学方法

在农业气候区划中已被采用的数学方法，具有考虑农业气候因子多，理论上比较完善，统计客观、定量，通过计算机可以实现快速运算等优点。尤其是多元统计学的发展，为气候区划提供了先进的数学工具。常用的方法有评判分析法、决策树法、因子分析法、聚类分析法、典型相关分析法、主分量分析法。以及基于CAST聚类与RPCA相结合的区划方法。下面介绍几种常见的方法。

（1）评判分析法

① 专家打分法

专家打分法，是叠加法的特例。叠加法也称多因子叠加法，是按照区划的原则，确定区划的因子和区划的等级，如温度、降水、积温、日照等区划因子，及各种因子的区划等级。绘制单因子分级分区图，然后按照一定的规则制成综合因子叠加图，区分出重叠程度有明显差异的区域,生成综合区划图。该方法属于叠加法的特例。

② 加权逼近排序法

加权逼近排序法(DTOPSICS)不仅避免了以往评价中只强调某几项要素指标而忽略其他要素指标的不足,而且给出了统一的综合评价方法,更强调了各参与评价指标的不同重要性,从而使评价结果更趋合理。此方法在农业气候资源评价和区划中应用较少。

③ 模糊综合评判法

模糊综合评判法是根据各因子的权重,以及各因子与评价对象的模糊矩阵,利用模糊变换的原理,对与被评价事物有关的各个因子做出总的评价。在评价过程中既要考虑各个单因素的作用,又要权衡各单因素所占的权重。对于某一项评价课题,当它涉及多指标时,可用集合 U 表示多指标因素;在评价中涉及用多级评语做出评价时,则可用集合 V 表示评语因素。对于加权评价,还必须建立权重分配模糊向量 $\tilde{A}$。

(2)聚类分析法

聚类分析是一种多元的客观分类方法。根据样品的属性或特征,用数学方法定量地确定样品间的亲疏关系,再按亲疏关系的程度来分型化类,得出能反映个体间亲疏关系的分类系统。这个系统中,每一小类所有的个体之间,具有密切的相似性,各个小类之间,具有明显的差异性,从而客观地、定量地把一个地区的农业气候区划分出来。

系统聚类是最常用的一种聚类方法。它的基本思路是,先将每个个体视为一类,计算全部个体相互间的距离(或其他相似性度量,如相似系数、相关系数和相关距离系数等),将距离最短(或最相似)的两个个体归并为一类。然后再算这个新类以及其他各类之间距离,再将其中距离最短的两个类归并为一类。如此反复进行,每次归并后减少一类,直到所有的个体归并成一类为止。系统聚类也可称为逐级归并聚类或逐步并类。

(3)决策树法

决策树算法是空间数据挖掘中一种重要的归纳方法,旨在从大量数据中归纳抽取一般的知识规则和规律。目标是利用训练数据集建立一个分类预测模型,然后利用该模型对新的数据进行分类预测。其思路是,先利用训练空间实体集,依据信息原理生成测试函数并进行分类属性选择;再根据属性的不同取值建立树的分支,在每个分支子集中重复建立下层结点和分支,形成决策树;然后对决策树进行剪枝处理;最后用可信度和兴趣度等指标检验规则,提取多个形式规则。

第三节　河南省农业气候分区及评价

农业气候区划工作是农业综合区划的一个组成部分,是为农业综合区划服务的。它既关系到当前农业结构和作物布局的合理调整,更关系到农业发展的长远方向。因此,必须分析鉴定各地农业气候条件及其对农业生产的影响。对河南省原有 7 个农业气候分区补充完善新的气候资料,分别评述各区的主要气候特征,重点分析各区的有利和不利气候条件对农业生产的影响。河南省各农业气候分区的空间分布如图 6-1 所示。

一、淮南春雨丰沛温暖多湿区

本区包括淮河以南各县及淮北的息县、淮滨和正阳的一部分,其北部为淮河冲积平原,南

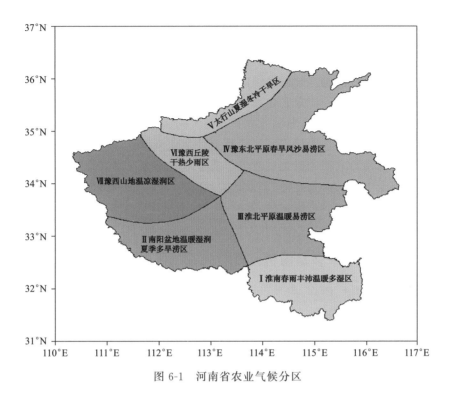

图 6-1　河南省农业气候分区

部为大别山丘陵山地,与湖北、安徽两省相连,境内河流较多,由南向北纵横交错,水利灌溉条件良好,以淮河为主,形成了天然灌溉网,有利于发展水稻和养鱼业。

(一)气候概况

本区纬度偏南,水热资源丰富,年平均气温在 15 ℃以上,为全省气温较高地区。冬季最冷月(1 月)平均气温 1～2 ℃,极端最低气温为－20 ℃左右,每年低于－10 ℃的寒冷期不足 2 d。最热月(7 月)平均气温在 27 ℃以上,年极端最高气温达 40～42.5 ℃,多出现在 8 月。日最高气温达 35 ℃以上高温期有 8～15 d。无霜期 220 d 以上,终霜结束早,一般在 3 月底,平均初霜出现晚,一般在 11 月上、中旬。日平均气温≥0 ℃的积温为 5500～5700 ℃·d,≥10 ℃的积温为 4900～5100 ℃·d,为全省热量丰富的地区之一。年日照时数为 1800～2000 h,日照百分率为 42%～45%。

本区雨量丰沛,年降水量达 900～1100 mm,为全省降水量最多的地区。尤其是新县、商城等地是全省突出的暴雨中心之一,平均年暴雨日 3～4 d,较多的年份达 7～9 d,大部分集中在 7 月,单日最大降水量为 150.0～267.6 mm。本区年降水量有 46%～49%集中在夏季,年降水相对变率达 25%～28%。

(二)主要农业气候特点

热量和水分资源丰富,完全能满足稻麦两熟的需要。但春秋季气温变化不稳定,冬季有寒潮低温入侵。有的年份 3 月底、4 月初气温偏低,最晚终霜出现在 4 月 18—20 日,可引起水稻育秧烂芽、烂秧,影响适时栽插;冬季寒潮低温威胁着亚热带林果的安全越冬。

降水季节分配不均,春季雨多,占年降水量的 21%～25%,夏季降水占 46%～49%,伏秋季雨水少(占 20%以下)。春季多雨,可以满足插秧需水,但对小麦生长不利。根据多年资料分析,当4月上旬至5月中旬降水量大于200 mm时,小麦就会受到涝害导致减产。初夏雨少干旱,影响水稻插秧,而有利于麦收。本区盛夏降水较丰沛,有利于水稻拔节和孕穗,是淮南形成稻区的一个主要气候因素。但伏秋季常发生干旱,影响水稻后期生长,对小麦适时播种有一定影响。根据上述情况,针对春涝要做好田间排水,选用抗锈耐涝品种,以提高小麦单产。针对初夏旱(兼有伏秋旱),搞好农田水利建设,扩大灌溉面积,以稳定水稻产量。

该区为我国亚热带林木自然分布的北界。对研究河南省经济林的生态分布、引种驯化和群体生态结构有重要价值,可作为河南省经济林引种驯化资源区,也是经济林母树林、种子园的理想基地,以及我国南竹北移的驯化过渡带。茶叶是该区传统种植的经济作物,产量居全省之首,"信阳毛尖"属全国十大名茶之一,山地丘陵尚有发展种植的余地。适宜种植的林果树还有马尾松、杉木、油桐、油茶、毛竹、猕猴桃、黄桃等。板栗是该区优势,因其对环境的适应性强,可在丘陵地、荒坡、沙滩栽种。

二、南阳盆地温暖湿润夏季多旱涝区

本区包括南阳市的西峡、淅川、内乡、镇平、邓州、南阳、新野、社旗、唐河、桐柏和驻马店的泌阳等地。该区处于伏牛山南麓,东、北、西三面临山,南面低倾平坦,盆缘周围沟壑纵横交错,唐白河、湍河贯穿盆底,往南流入汉水。

(一)气候概况

本区属亚热带北缘地区,纬度偏高,地形背坡向阳,年平均气温14～15 ℃,冬季最冷月(1月)平均气温为1～2 ℃,西部高于东部。冬季极端最低－10 ℃以下的寒冷期1～2 d,河流不封冻。最热月(7月)平均气温为26～27 ℃。年极端最高气温达40.8～42.6 ℃,多出现在6月,其次为7月。日最高气温达35 ℃以上高温期有16～18 d。无霜期长达230 d以上,平均春霜冻结束于3月下旬,平均秋霜出现在11月上、中旬。日平均气温≥0 ℃的积温为5300～5600 ℃·d,≥10 ℃的积温为4900～5000 ℃·d,尤其是淅川县最多,≥0 ℃和≥10 ℃的积温分别可达5600 ℃·d和5100 ℃·d以上,是全省热量丰富的地区。年日照时数为2000 h左右,年日照百分率为43％～45％。

本区年降水量为700～900 mm,略少于淮南,但仍多于本省其他地区。夏雨集中,占年降水量的50％～56％,年际间变化较大,年降水相对变率达24％～28％。春雨占19％～22％,秋雨占20％～23％,年际变化比较稳定。

(二)主要农业气候特点

小麦生育期间,旱涝灾害较少,年降水量适中,有利于小麦生长发育,加之降水量年际变化小,因而小麦产量较为稳定。本区盛夏降水较为集中,而且年际变化特别大,7月、8月降水量多的年份达875.9 mm,最少年份1959年为75.1 mm,因而夏季旱涝频繁,特别是盛夏的"卡脖旱",严重威胁着晚秋作物的高产稳产。

南阳地区虽然热量条件好,但受水分条件的限制,稻麦两熟的面积较少。根据本区的水热资源情况,土壤适宜的地方,仍适合发展水稻,但本区除了盛夏可能发生干旱之外,在初夏水稻移栽时期,亦出现干旱,10年可达3～5遇。因此在扩大水稻面积时,要注意这一气候特点。

南阳盆地西部的西峡、淅川等地,热量资源特别丰富,适宜各种亚热带多年生木本作物的生长,可选择背风向阳小气候条件优越的地方,适量发展耐寒性较差的柑橘。在伏牛山南坡海拔500 m以下的浅山区,因地形背风向阳,越冬条件比淮南更为良好,也适宜种植油桐、马尾松、杉木、油茶等亚热带植物。特别是西峡县油桐产量约占全省的一半,猕猴桃产量居全国前列,应继续发展这一优势。另外,栎林可用来作柞蚕养殖,南召很早已成为全国闻名的柞蚕生产基地。

三、淮北平原温暖易涝区

本区包括周口、驻马店、许昌和漯河市。本区为华北平原的南界,地势西北略高于东南,除确山西部、泌阳东部附近有一呈西北东南走向的带状山脉(伏牛山之余脉,海拔在 200～500 m之间)以外,其余都是辽阔的黄淮平原,海拔一般在 50 m 以下。境内多河流沟塘,地势平坦低洼,又处于各河干、支流汇合处,故每当夏秋两季来临时,河道水位抬高,洼地积水,常造成灾害。

(一)气候概况

本区属于南暖温带季风区,气候温和,平均气温为 14～15 ℃,最冷月平均气温为 0～1 ℃,比黄河以北地区高 2～3 ℃。冬季日最低气温小于−10 ℃的寒冷期为 1～2 d,冬季比较温暖,河流一般不封冻。但有的年份,如 1955 年、1957 年、1977 年冬有大寒,新蔡、遂平等地最低气温达−21～−16 ℃,河流有短期封冻现象。本区雨淞出现次数较多,平均每年出现 3～5 d,最多达 10～25 d。夏季气温较高,最热月平均气温为 27 ℃左右,极端最高气温达 41.0～44.0 ℃,主要集中在 6—7 月;35 ℃以上的高温期全年有 12～16 d,无霜期为 220 d 左右,平均终霜期在 3 月下旬,初霜期在 11 月上旬。日平均气温≥0 ℃的积温为 5300～5500 ℃·d,≥10 ℃的积温为 4700～4900 ℃·d。热量条件较淮南为略差,但足以满足一年两熟作物的生长需要。全年日照时数为 1900～2100 h,日照百分率为 43%～47%。

本区年降水量为 700～900 mm,春秋季雨量相差不大,通常春季雨量占 18%～20%,秋季雨量占 20%～22%,夏季雨量占 50%～56%,且变率较大,年度变率为 25%～31%。

(二)主要农业气候特点

本区地势平坦低洼,夏季雨水过分集中,加之上游河水流驻顶托,宣泄不及,易发生洪涝灾害。尤其在夏秋季节,涝灾较多,平均 10 年 4～5 遇。由于本区夏季降水变率大,若遇缺水年,又多在夏季发生干旱,因此旱涝灾害对本区农业生产影响较大。本区春季播种时期(3-4 月)降水量适中,平均降水量在 100 mm 以上,基本无干旱,对春播十分有利,对小麦春季生长亦较为适宜;同时本区小麦全生育期降水量为 300 mm 左右,较为适中,小麦生产较为稳定。本区气候条件好,土地面积较为广大,生产潜力很大。但耕作较为粗放,自然资源利用不够充分。

总体上看,该区光、热、水资源条件较好,是河南省小麦、棉花、大豆集中产地,特别是芝麻,无论是播种面积和产量均居全国之首,应继续发挥这一优势。由于本区干旱、洪涝灾害较多,应大力发展防护林;在淮河干、支流上游和水库等营造防护林,提高蓄水能力。在广大平原区发展农田防护林及林粮间作,可起到生物排水和保湿抗旱的双重作用。泛区可发展苹果、梨、葡萄等。

四、豫东北平原春旱风沙易涝区

本区属于华北平原的一部分,西倚太行山,黄河横贯本区中部,包括豫北的京广线以东、商丘市、开封市和郑州市的新郑、中牟、京广线以西的武陟、温县和获嘉等地。由于黄河历代多次漫溢改道的结果,形成了这一带低洼平坦的地形。

（一）气候概况

冬春季节,当寒潮南下时,本区首当其冲,降温剧烈,冬季气候干冷,寒冷期较长。年平均气温为14～15 ℃,最冷月平均气温为−2～0 ℃。日最低气温<−10 ℃的寒冷期,本区北部为5～8 d,黄河以南为1～3 d;日最低气温<0 ℃的冷期100 d以上,是全省寒冷期最长的地区之一。极端最低气温在豫北的新乡达−21.7 ℃,在豫东的永城为−23.4 ℃。冬季河流有短期的封冰现象。本区东部冻雨严重,如1966年电线最大结冰直径达16 cm,持续4～7 d,最多10 d之久,影响工农业正常生产。

本区无霜期较短,为200～210 d。省内最早初霜日在10月上旬,最晚终霜日在4月下旬（除豫西外）,均出现在黄河以北的东部各县。本区极端最高气温为42.0～43.6 ℃,最热月平均气温为27.0 ℃左右,35 ℃以上的高温期全年有10～13 d,日平均气温≥0 ℃积温为5000～5300 ℃·d,≥10 ℃积温为4600～4900 ℃·d。热量资源足以满足麦杂两熟和稻麦两熟的需要。本区光照充足,全年日照时数为2000～2200 h,为全省日照时数最多的地区,日照百分率为45%～52%。

本区年降水量多在550～700 mm,而延津、原阳等地年降水量不足600 mm,是全省少雨区之一。夏季雨量过于集中,全年降水量的40%～50%集中在7—8月,而且降水强度也大,新乡单日最大降水量达180.5～200.5 mm,一次连续降水量达568.5～609.0 mm。本区春季降水较少,黄河以北春雨仅占全年降水量的16%～18%,黄河以南的豫东平原占全年降水量的17%～20%,冬雨占全年降水量的4%～6%。

本区冬春季节大风、沙尘日数较多,尤其是兰考、民权、睢县、开封、中牟、封丘、原阳等地,春季大风日数有8～9 d。

（二）主要农业气候特点

本区是河南省旱、涝、低温、风沙、干热风等自然灾害发生比较多的地区。本区东部夏秋涝灾最为严重。夏季降水过分集中,加上地势平坦,排水不畅,常易形成涝灾。本区涝灾不仅范围广、程度重、次数多,而且对各种作物均有影响。根据资料统计,本区夏秋内涝发生频率10年可出现5～6次。涝灾较重的地区在作物安排上,宜以小麦为主,或实行小麦与高秆耐涝作物轮作的二年三熟制,常年积水的背河洼地,宜改种水稻。

春季干旱十分严重,以小麦来说,春旱发生频率达3年1遇。同时,由于本区地理位置偏北,雨季开始较晚,加之春季气温回升快,多大风,蒸发量大,小麦返青恢复生长耗水量大,更助长了小麦返青至成熟期内干旱的严重发展。所以本区在土壤和水利条件适宜的地区,需要迅速扩大小麦保灌面积,以提高和稳定小麦产量。春旱对棉花播种影响也很大。

本区亦为小麦干热风天气发生较多的地区,而且强度较大,重干热风发生的年平均次数可达1.0～1.2次。

本区寒潮大风、霜冻低温危害较重。春季回暖较快,也常发生寒潮大风天气,气温很不稳定,常有霜冻低温危害小麦和棉花幼苗。因此,在小麦品种选择上,宜多采用耐寒性较强的冬性和半冬性品种。本区棉花播种一定要掌握适时播种,以防低温引起棉花烂籽、烂芽。

该区在河南省面积最大,由于自然灾害多,中、低产田比例大,应改革耕作制度,调整作物布局,发展以小麦为主的多种种植业,如沙地西瓜、花生、葡萄,盐碱地种植棉花,有水利条件的低洼地区改种水稻。在林果业方面,新郑、中牟、内黄、永城大枣驰名中外,可推广枣农间作。

五、太行山夏湿冬冷干旱区

本区包括黄河以北、京广线以西的太行山东麓山丘和林州,地势起伏不平,海拔高度为300～1000 m,最高山地海拔1800 m。

(一)气候概况

本区纬度和地势较高,气温偏低,冬季冷期长,为全省冷区之一。林州盆地年平均气温13.2 ℃,最冷月平均气温为-2.2 ℃。日最低气温在-10 ℃以下的寒冷期达10 d左右,小于0 ℃的冷期达100 d以上。极端最低气温为-23.6 ℃。最热月平均气温为26.0 ℃,极端最高气温可达40.6 ℃。日最高气温≥35 ℃的日数有11 d。本区无霜期短,在200 d以下。初霜日平均在10月21日,最早初霜可出现在9月10日,平均终霜日为4月7日,最晚终霜日可出现在4月26日。本区热量资源较其他地区少,日平均气温≥0 ℃的积温在4900～5200 ℃·d,≥10 ℃的积温在4800 ℃·d以下。但太行山麓的鹤壁、焦作等地,因地形作用,气温较高,年平均气温为14～15 ℃,极端最高气温分别为42.3 ℃和43.3 ℃,最低气温为-15.5 ℃和-16.9 ℃,无霜期长达223 d和232 d,但降水较少,鹤壁656.4 mm,焦作570.4 mm。

本区降水量较多,年降水量在550～650 mm,且年变率较大。太行山东部迎风坡,因受地形影响,最多年降水量可达1000～1800 mm,为全省暴雨中心之一,而少雨年只有180～300 mm。

(二)主要农业气候特点

在太行山前丘陵地带,背风向阳,热量条件较好,夏季降水较多,且降水强度大,易形成暴雨,引起山洪暴发,山坡塌方,水土流失严重。但本区河道比较大,泄水能力强,本区基本无淹涝灾害。如辉县南部等地,有较好的灌溉条件,粮棉产量高而稳定。在山区丘陵干旱和水土流失较严重区,应大力加强中、小型水利工程,扩大水浇面积,提高抗旱能力。

本区为海拔500 m以上的山区,土壤较为贫瘠,温度低,春季气温上升慢,秋季气温下降快,总热量少,生长季短,早春寒潮低温频繁,又限制了作物对总热量的利用,且暴雨、大风、冰雹又常给农业生产带来不利影响。在这一带小麦播种面积不大且产量较低,在农业生产上宜实行以春玉米为主的一年一熟制。在热量资源不足的深山区,还可以播种热量要求少的马铃薯、夏播麦等。

太行山水土流失严重,植被稀少,应大力植树造林,增加森林覆盖面积,维持生态平衡,达到涵养水源目的。适宜种植油松、栓树栎、侧柏等。另外,太行山阳坡由于地形影响,浅山丘陵区热量资源丰富,应发挥以山楂、苹果、核桃、柿树等经济林为主的优势。

六、豫西丘陵干热少雨区

本区包括黄河以南、京广铁路以西、伏牛山东麓500 m以下的丘陵地带各县市(南阳本地和渑池、卢氏、栾川以及洛宁、嵩县、鲁山、南召等部分深山区除外)。

(一)气候概况

本区年平均气温为13～14 ℃,最冷月平均气温为-1～0 ℃。由于北部受中条山和太行山阻挡,寒潮不易入侵,冬季不冷,河流一般不封冻,但也有个别年份封冻,如1954年的大寒年,黑石关的伊洛河封冻2 d。最热月平均气温达27 ℃以上,特别是洛阳、伊川、临汝一带,极端最高气温达44.0～44.6 ℃,为全省最高值。日最高气温≥35 ℃的日数为15～20 d,是全省高温期较长的地区之一。本区日平均气温≥0 ℃的积温为 4600～5300 ℃·d,≥10 ℃的积温为 4300～4900 ℃·d,西部临汝、汝阳、三门峡、灵宝一带,热量资源较差,为 4600～4800 ℃·d,无霜期为 210～220 d,但仍可满足小麦、夏杂粮一年两熟的生长需要。全年日照时数为 2200～2400 h,日照百分率为 47%～50%。

本区年降水量在 600 mm 以上,各地差异悬殊。在伏牛山东南坡的鲁山、南召一带,年降水量均在 800 mm 左右。由于地处迎风坡,受地形抬升作用,是全省暴雨中心之一。本区降雨量大多集中在 7—8 月,夏季降水占全年的 45%～53%,春季降水占全年的 19%～23%,秋季占全年的 23%～28%。

(二)主要农业气候特点

本区年降水量虽有 600 mm 以上,但因地势起伏,土壤保水力差,加上水源不足,抗旱能力弱,所以干旱对农业生产影响最大,几乎在作物整个生长季都受干旱威胁。其中又以初夏旱最为严重,初夏旱发生频率达 10 年 3 遇,往往使秋作物不能及时播种,早秋作物玉米也常因旱灾而减产严重。秋旱发生频率为 10 年 3～4 遇,主要影响小麦播种。此外,冬春干旱对小麦和棉花播种也很不利。当地有"十年九旱"之说。由于干旱频繁,所以本区形成一比较特殊的轮作制度,除了平川地区以小麦、秋粮一年两熟为主之外,丘陵地区盛行以"晒旱麦"为主的二年三熟制。一般是二茬晒旱,回茬一季豆科作物。晒旱主要是恢复地力,蓄积伏雨,以促进小麦高产。该区浅山丘陵适宜烟草种植,为河南省优质烟草种植区之一。

本区夏季雨量较为集中,且多暴雨,加之河流落差大,暴雨季节,水沙俱下,到了宽谷河段和下游低洼处,泥沙沉积,河身拉宽抬高,对农业生产和人民生命财产的安全威胁很大。因此走旱作农业道路,兴修水利工程,提高抗灾能力显得尤为重要。

该区洛阳以西的黄土丘陵地带水土流失十分严重,除兴修水利工程以外,应营造以刺槐为主的水土保持林体系。新安县以东,郑州以西黄土丘陵过渡区到残土原台地,土层深厚,土壤肥力较高,应大力种植葡萄、柿子、核桃、桃等果树。

七、豫西山地温凉湿润区

本区包括渑池、卢氏、栾川等县以及洛宁、嵩县、鲁山、南召的一部分。

(一)气候概况

本区地势较高,气候温凉。海拔高度 500 m 以上的地区,年平均气温为 12～13 ℃。最冷月平均气温为-2～-1 ℃。海拔 1000 m 以上的地区,年平均气温尚不足 10 ℃,最冷月平均气温为-4 ℃。日最低气温达-10 ℃的寒冷期有 3～5 d,由于地形地势复杂,寒冷期各地差异甚大,一般高地寒冷期长于谷地,北坡寒冷期长于南坡;极端最低气温为-20～-18 ℃。最热月平均气温为 24～26 ℃。日平均气温≥10 ℃积温为 3600～4000 ℃·d。平均初霜期在 9 月下旬,终霜期在 5 月中旬,无霜期只有 180～210 d,是全省热量资源较差的地区。

本区年降水量一般在 600～800 mm,栾川和鲁山、南召两县的西部,降水较多,为 800～900 mm,卢氏、渑池一带较少,为 600 mm 左右。年降水量的 50%～51%集中在夏季,20%～21%在春季,23%～27%在秋季。全年暴雨日数为 1～3 d,多出现在 7—8 月。从暴雨日数来看,虽然比淮南地区为少,但雨势猛,强度大,危害重。

(二)主要农业气候特点

山区气温随高度递减,不同高度有显著差异,南北坡也有明显不同。根据考察资料,在海拔 500 m 以上的南坡和北坡,日平均气温≥3 ℃的积温分别为 5000 ℃·d 和 4800 ℃·d,南北坡之间积温相差 200 ℃·d。

本区降水受地形影响显著,各地降水分配不一。卢氏、渑池一带,降水较少,年降水量为 600 mm 左右。其特点是:冬春少雨,秋雨多于春雨,夏季每年 6 月下旬降水逐渐增多,直到 9 月,各月降水量皆可达到 100 mm 以上,降水强度不大,无大暴雨,一日最大降水量为 50 mm 左右。

栾川、伏牛山一带,降水较多,为 800 mm 左右。其特点:春季 4 月多雨,初夏干旱,6—10 月降水量逐渐增多,每月降水量皆可达到 100 mm 以上。以 7 月降水量最多,而且变率小。

该区为河南省深山区,热量资源较差,生长季短,在海拔 800 m 以下地区,可以发展以小麦、玉米、土豆为主的一年两熟制。在海拔 800～1200 m 地区,发展以苹果为主的经济林,建立豫西山区苹果基地。在海拔 1200 m 以上地区应以林为主,大力营造水土保持林、用材林,特别是在海拔高的深山区,迅速发展适应温凉气候的落叶松。山区应发挥立体农业优势,宜林则林,宜牧则牧,宜农则农,搞好多种经营。

主要参考文献

毕宝贵,孙涵,毛留喜,等.2015.中国精细化农业气候区划:方法与案例[M].北京:气象出版社.

曹卫星,郭文善,王龙俊,2005.小麦品质生理生态及调优技术[M].北京:中国农业出版社.

成林,刘荣花.2012.河南省夏玉米花期连阴雨灾害风险区划[J].生态学杂志,31(12):3075-3079.

成林,刘荣花.2014.夏玉米生长中后期连阴雨灾害指标研究[J].中国农业气象,35(02):221-227.

成林.张志红.方文松,2019.基于产量灾损的冬小麦干热风综合风险区划[J].干旱地区农业研究,37(2):238-244.

程炳岩,1995.河南气候概论[M].北京:气象出版社.

程式华,李建,2007.现代中国水稻[M].北京:金盾出版社.

崔读昌.1994.世界农业气候与作物气候[M].杭州:浙江科学技术出版社.

董笑克,胡玉立,洪明昭,等,2019.辣木叶的降糖作用及其机制研究进展[J].环球中医药(12):315-320.

董中强,1980.农桐间作地小麦光照条件的分析[J].河南农林科技,(11):27-29.

董中强,1990.山区夏播小麦气候生态适应性及其优化种植的研究[J].湖北农学院学报.

董中强,1991.河南农业气候[M].郑州:河南科学技术出版社.

董中强,1994.农业气候原理及应用[M].北京:气象出版社.

董中强,1994.作物气象[M].武汉:武汉大学出版社.

范业宽,叶坤合.2002.土壤肥料学[M].武汉:武汉大学出版社.

范永强,2014.现代中国花生栽培[M].济南:山东科学技术出版社.

房卫平,2006.优质棉花栽培技术[M].郑州:中原农民出版社.

高国栋,陆渝蓉.1990.气候学[M].北京:气象出版社.

河南省玉米高稳优低研究与推广协作组.1994.河南玉米[M],北京:中国农业科学技术出版社.

贺庆堂.1988.气象学[M].北京:中国林业出版社.

贺升华,1995.水稻与气象[M].北京:气象出版社.

胡廷积,尹钧,2014.小麦生态栽培[M].北京:科学出版社.

蒋建平,1990.泡桐栽培学[M].北京:中国林业出版.

蒋秋明,张海峰,1987.玉米与气象[M].北京:气象出版社.

金善宝,1991.中国小麦生态[M].北京:科学出版社.

金善宝,庄巧生,于松烈,1996.中国小麦学[M].北京:中国农业出版社.

李冰冰,王哲,曹亚兵,等,2018.丛枝病对白花泡桐环状 RNA 表达谱变化的影响[J].河南农业大学学报,52(3):327-334.

李克煌.1994.气象学与气候学简明教程[M].开封:河南大学出版社.

李香颜,张金平,2017.基于 GIS 的河南省小麦干热风时空分布特征及危险性分析[J].气象与环境科学,40(2):49-54.

李治国,朱玲玲,张延伟,等.2018.基于 SPI 指数的近 55 年河南省干旱时空变化特征[J].江苏农业科学,46(10):237-242.

林而达,1986.小麦与气象[M],北京:气象出版社.

刘昌芬,2013.神奇保健植物辣木及其栽培技术[M].昆明:云南科技出版社.

刘江,许秀娟.2002.气象学[M].北京:中国农业出版社.

刘荣花,赵国强,2014.现代农业气象与服务手册[M].北京:气象出版社.

卢炯林.1983.河南省古树志[M].郑州:河南科学技术出版社.

马冬云,朱云集,郭天财.2002.基因型和环境及其互作对同南省小表品质的影响及品质稳定性分析[J].麦类作物学报,22(4):13-18.

马绍伟,董中强.1995.苹果丰产栽培图说[M].北京:中国林业出版社.

马秀玲,1996.农业气象[M].北京:中国农业出版社.

农业部小麦专家指导组.2007.现代小麦生产技术[M].北京.中国农业出版社.

庞天荷,2005.中国气象灾害大典(河南卷)[M].北京:气象出版社.

齐文虎.1988.农业气象[M].郑州:河南科学技术出版社.

孙卫国.2008.气候资源学[M].北京:气象出版社.

汤丰收,2006.农作物栽培系列:优质花生栽培技术[M],郑州:中原农民出版社.

佟异亚,1992.中国玉米种植区划[M].北京:中国农业出版社.

王国强.2016.河南自然条件与资源[M].北京:商务印书馆.

王建林,2010.现代农业气象业务[M].北京:气象出版社.

王绍武.2001.现代气候学研究进展[M].北京:气象出版社.

王维鑫,1998.作物栽培学[M],北京:科学技术文献出版社.

王正非,朱廷曜,朱劲伟,等.1985.森林气象学[M].北京:中国林业出版社.

翁笃明,陈万隆,沈觉成,等.1981.小气候和农田小气候[M].北京:农业出版社.

吴泽民,何小第.2009.园林树木栽培学[M].北京:中国农业出版社.

尹钧,苗果园,尹飞,2017.小麦的温光发育与分子基础[M].北京:科学出版社.

于玲,1988.中国北方小麦干热风[J].中国农业气象,9(1):57-59.

于振文,2013.作物栽培学各论(北方本)第二版[M].北京:中国农业出版社.

余卫东,胡程达,张轩宇,等,2017.基于灾损定量识别的河南省冬小麦晚霜冻风险区划[J].气象与环境科学,40(3):1-6.

张家诚,林之光.1985.中国气候[M].上海:上海科学技术出版社.

张金平,李香颜.2018.基于敏感因子的河南省小麦干热风风险区划分析[J].江苏农业科学,46(16):260-263.

张玉星.2011.果树栽培学总论[M].北京:中国农业出版社.

赵天榜,宋良红,杨志恒,等.2019.中国杨属植物志[M].郑州:黄河水利出版社.

赵忠.2008.林学概论[M].北京:中国农业出版社.

《中国大百科全书》编辑部.1987.中国大百科全书(大气科学、海洋科学、水文科学)[M].北京:中国大百科全书出版社.

周淑贞.1984.气象学与气候学[M].北京:高等教育出版社.

周苏玫,张珂珂,张嫚,2016.减氮适墒提高冬小麦旗叶光合潜力和籽粒产量[J].作物学报,42(11):1677-1688.

朱乾根,林锦瑞,寿绍文,等.2000.天气学与原理和方法[M].北京:气象出版社.